應對遠距與
分散式團隊新常態,
領導如何
更抓住人心?

YOUR RESOURCE
IS HUMAN

同理心領導

HOW EMPATHETIC LEADERSHIP
CAN HELP REMOTE TEAMS RISE ABOVE

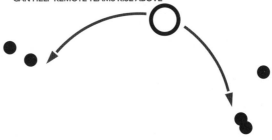

MELISSA ROMO
梅麗莎・羅莫————著　姚怡平————譯

各界讚譽

現在我已準備就緒，拜梅麗莎·羅莫的著作所賜，我得以懷著自主感和雀躍感，應對下一個工作時代。她陳述人們的例子、建議和專業知識，再結合個人的見解、故事，以及最重要的工具，協助人們在混合型／遠距世界，成為更優秀的主管、領導者和個人。我迫不及待要往前邁進。

——傑夫·克萊斯勒（Jeff Kreisler）

摩根大通集團行為科學主任，著有《金錢心理學》

（*Dollars and Sense*）

本書正是二十一世紀的領導者和追隨者渴望閱讀的著作。書中以平易近人的散文和實用的內容，讚揚同理心的發揮，協助領導者和追隨者往前邁進並獲得成功。

本書會讓讀者更了解人們的遠距就業經驗，不僅有憂鬱和內疚等最深奧的心理狀態，也有基本的社會學，例如多元、平等、包容等，而在這兩端之間則是務實的人性。作者提出的做事方法，不僅合理、實用，最重要的是十分

人性化，可以幫助各位在今日的新常態中成功領導他人。

——莫頓・安德（Morten G. Ender）博士

美國西點軍校行為科學與領導力系社會學教授

遠距型和混合型工作，從根本上擾亂了領導者存在的意義，其影響力也許比其他因素更大。在領導者的真誠度方面，同理心向來很重要，如今更有如超能力。領導者們，這本書就是你的斗篷，披上吧！

——夏恩・卡農高（Shawn Kanungo）

創新策略規劃員、講者、

《無畏之人》（*The Bold Ones*）暢銷書作者

如果你想進入某個人的腦袋，看看對方怎麼管理分散式團隊，那就進入梅麗莎・羅莫的腦袋吧！若遠距工作要變得更「人性化」，就一定要運用本書提供的現實世界建議和診斷工具。

——約翰・蓋瑞特（John Garrett）

著有《你的加分亮點是什麼？》

（*What's Your 'And'?: Unlock the Person Within the Professional*）

身為領導者，在我們優遊探索的這個世界中，「變化」是唯一的常數，而這本書指出一條前行的道路。

書中收錄了許多篇故事、訪談和研究，不僅解析人類領導力的力量，並提供高明的工作指南，用以培養共通的人性。

本書並非單純督促我們擁抱不確定感，而是提供樂觀的觀點，要去了解自己的感受，了解自己何以要在團隊內重新安裝希望，把系統重新開機，並重燃熱忱和創造力。因為只要做到這些，就能開啟無限潛力。

——阿查娜·莫漢（Archana Mohan）
維利達投資夥伴（Veritas Investment Partners）營運技術長

我們居住的這個世界，時刻都會受到干擾，變化的步調每一天都在加速，工作世界再也不一樣了。

本書文字聰慧，思慮周延，還提出一系列詳細的見解，闡述了領導者該如何應對並善用遠距工作所帶來的各種機會。

全書內容簡潔明瞭，梅麗莎·羅莫不但分享其個人故事，還提供豐富資訊。如果想要理解將來的趨勢，本書正

是必讀之作。

——詹姆斯·畢德威爾（James Bidwell）

Springwise 公司執行長，

著有《破壞性創新！一百個創意商業模式》

（ *Disrupt! 100 Lessons in Business Innovation* ）

　　作者擁有長達十年的全遠距團隊管理經歷，她在本書闡述了建立高績效分散式團隊時會遇到的一些挑戰。梅麗莎的親身經驗有如優秀的指南，為那些還在變化多端的環境中學習如何管理的人們，指引出一條明路。

——蓋伯·卡普（Gabe Karp）

10up 公司歐洲、中東、非洲地區總經理

　　本書正是我們此時此刻所需要的！在不斷演變的新常態世界中，梅麗莎·羅莫幫助我們真正了解遠距型和混合型工作。本書在手，領導者就能讓所屬組織投入其中，為員工和雇主雙方帶來莫大的價值。

——樂芮·米勒（Laraine Miller）

ekaterra 公司美洲地區總裁和美國總經理

各領導團隊、董事會、投資人，請注意！如果想要讓你的組織脫穎而出、成長速度高於市場並取得市占率，那麼這本書正適合你。過去二十年來，同理心是被削弱的超能力；在如今的現代遠距／混合型工作環境中，對同理心有極高的需求。梅麗莎・羅莫開設了同理心領導力的大師課程，幫助員工、顧客、合作夥伴，獲得有意義的商業成果。最重要的一點是，本書不僅解釋原因，還會提供做法，可以立即幫助你和組織有所提升。

——艾碧嘉兒・曼內斯（Abigail Maines）

HiddenLayer 公司營收長暨 fiercenow.org 共同創辦人

　　這本書主要是在引領領導者如何帶領遠距工作者，沒想到竟然會出現這句話：「想像自己是一瓶番茄醬！」不過，正是這類智慧珍寶和實用建議，使得本書成為領導者在帶領遠距工作者時不可或缺的依歸。

　　本書著眼於為人處事，幫助你掌握遠距工作的現實生活，並且帶領他人順利工作（這可不是那種理論型的論文）。我很喜歡梅麗莎對於五種遠距就緒（remote-ready）領導行為的訴說方式；這些行為很「真實」，實踐起來也

很簡單！這本書太棒了！

——卡索．昆蘭（Cathal Quinlan）

播客節目《提高工作力》（*Better @ Work*）主持人

本書在很多方面都正中要點，讓我捨不得放下它。破冰問句將會成為我日後的聖杯。你經常聽到別人在談論功績，以及你想要怎麼被記得、要多開一場會議，還有當團隊沒達標時就要檢驗他們，但是本書要提醒你：「將來，你的職涯到尾聲之際，你只會記得那些人本身。」

請制定準則來衡量遠距型和混合型工作者的憂鬱及內疚等情緒，無論你是獨立貢獻者（Independent Contributor，編註：專注於深化技術工作，不負擔管理責任）還是主管，都能在準則的幫助下，處理工作者的情緒。

本書開啟的全新角度將會讓大家覺得深具洞見，而且還回答了以下的問題：「那我現在要做什麼？」對於胸懷大志的領導者，本書堪稱必讀之作。

——薩比．吉爾（Sabby Gill）

Dext 公司執行長

如果你從事遠距工作，尤其又要帶領遠距團隊的話，請閱讀本書吧！梅麗莎·羅莫提出超高明的建議，完美結合洞見和宏大想法（關於同理心、內疚、偏執、喜悅），指出一條有效的前進之路，幫助我們落實遠距工作的轉型。我們身為遠距工作者，為何會出現某些感受呢？她幫助我們了解箇中原因，然後協助我們採取後續的正確行動。這本書是務實可行的路線圖，可以帶領所有工作者找到更多的喜悅和意義，職場上的關係聯繫也會變得更緊密。

——羅莎·薩巴特（Rosa Sabater）

Martellus 有限責任公司總經理

在當今的世界，遠距工作是大部分組織必不可少的一部分，很高興看到這本書提供實質的見解給領導者，協助領導者採用這種有如地殼板塊變動的做法，成功應對當今的趨勢。梅麗莎·羅莫鑑別了恐懼、情緒、成見，以及三者存在的原因。還有一點很重要，她提供了實用的指南，引導人們如何用心、正直且聰明地領導他人。

——約翰·里歐敦（John Riordan）

遠距成長（Grow Remote）機構理事長

這本書充滿了我喜愛的特點：細膩複雜。梅麗莎・羅莫不純粹是為求建立遠距團隊而摘要解說高明的工作指南，而是詳細說明每個人都感受到的重要潛藏情緒；在遠距工作時，這些感受會特別強烈。她解釋這些情緒如何及為何影響人類行為，從而影響組織目標。她還說明了哪些具體的領導力策略會幫助人們在所屬團隊中感受到喜悅、激勵、敬業。

她以研究為基礎的做法，加上訴說故事的風格，不僅提供了可靠又迷人的藍圖，讓領導者懂得懷著同理心直接跟人員對談，並且打造出信任和透明的文化，而遠距型或混合型的工作環境要能蓬勃發展，這些作為十分重要。

—— 亞曼妲・杜爾（Amanda Doyle）
選擇更好想法（Choose Better Thoughts）公司創辦人暨教練

我們對公司的想法正在快速演變。在混合型世界中，領導者要負責創造歸屬感和聯繫感，我們的角色從來沒有這麼重要過。梅麗莎・羅莫透過個人的經驗和觀察，再加上工具和解決方案的開發，掌握了基本之道，進而揭露領導者需要採取何種方式來重新調節做法。重新調節以後，

在這條不斷進化又錯綜複雜的工作之路上，團隊會得到更緊密聯繫的體驗，領導者也會更懂得照顧自己。

——傑森·羅德曼（Jason Rudman）

美國金融公司（Finance of America Companies）顧客長

本書從第一頁就展現出引人入勝、坦誠以告，以及不可或缺的特質。梅麗莎·羅莫不僅坦率訴說她在個人及事業上的旅程經歷，溫婉地闡述許多遠距型和混合型領導者面臨的挑戰，還收集並呈現許多故事和證據，當成進一步的例證。

她為人們提供逐步的指引，不僅容易使用又實用，並且可以立刻付諸行動。本書的內容包含大量建設性的工具，有自省檢驗、破冰問句，以及廣泛的問卷調查。如果你真的想要懷著同理心，與團隊聯繫關係，本書會把做法告訴你。

——蘿薇娜·賀尼根（Rowena Hennigan）

遠距工作先驅、RoRemote 創辦人、

領英公司（LinkedIn）頂級之聲和講師

不管是新冠肺炎疫情之前，還是疫情爆發以來，身為遠距主管的我經常思考遠距團隊面臨的挑戰及具備的優點。梅麗莎・羅莫以簡潔明瞭的筆法，利用遠距同理心來檢驗和領導藍圖，傳達一些經常不被探討的遠距工作問題。她還以領導者的身分，採用明確有效的手段，辨認遠距工作問題並加以處理。我發現，她提出的特定工具很實用，適合用來處理我跟團隊的日常互動交流。而她敘述的故事和軼事，也很快就能讀完。

　　在談到領導力的時候，這個重要的領導力話題往往被忽略，現在能再度活絡起來，實在值得稱許！

——柯琳・克里諾（Colleen Crino）

IT 產業開發長

　　當新冠肺炎疫情爆發時，許多人不得不改變業務執行方式，而且是一夜之間就要改變。由於在決定改為遠距工作模式之時，並沒有事先規劃數個月的益處，沒有首次實施的腳本，沒有伴隨的政策，更沒有支援，因此商業機構和領導者幾乎都是一邊執行，一邊彌補。在這個世界，信任的增進和同理型領導力，可以說是成功的兩大關鍵，而

這本書提供多項準則和工具，有利於大幅提升團隊績效。

——安德魯‧波頓（Andrew Bolton）

Knotch 公司資深副總暨顧客長

梅麗莎‧羅莫將我們感受到卻無法表達出來的感覺，全都準確陳述出來。若領導者覺得自己或團隊難以應對遠距型和混合型的工作安排，那麼這本書當屬必讀之作。

書中提供一套簡單明瞭的領導行為藍圖，指出哪五種情緒會導致人員無法達到最佳工作表現。此外，還提供具體的解決方案，有助於打造出人員可以茁壯成長的環境。本書歷經詳盡周密的研究調查，通篇都是引人共鳴的故事，不但清晰描繪這個獨特的時刻，還闡述了我們仍需付出多少努力，才能真正接納目前的現實工作情況。

——蘿拉‧舒瓦茲（Laura Schwarz）

i2 Leadership 公司創辦人，

播客節目《魔咒週一訓練營》（*Mojo Mondays Bootcamp*）主持人

這本書以聰慧的文字和深刻的洞見，反思目前現實的遠距工作情況。本書為主管提供了寶貴的見解，幫助主管

了解在領導遠距（或分散式）團隊時，會有哪些潛在缺點；本書更是強大又最新的手冊，可供領導者依循。

閱讀本書，就會覺得自己更能做足準備，並且在團隊面臨全新且應該會廣泛流行的工作型態時，能夠為團隊提供支援。

——碧翠絲・馬汀－魯加羅（Beatriz Martín-Luquero）
美國默克公司（Merck & Co.）拉丁美洲人力資源主管

遠距工作已經被世人普遍接受，領導者若要釐清如何幫助團隊獲得成功，本書可以說是重要工具，不僅詳述了在領導團隊時所要面對的新現實，更利用評估工具和解決方案，將準則往外延伸，協助人們在團隊面前展現真誠又同理的領導力。

——吉姆・貝爾（Jimm Bell）
信賴金融公司（Fidem Financial）共同創辦人

今日的領導者正在世界各地重新定義我們的工作地點和工作方式。雖然沒有藍圖在手，也沒有一體適用的做法，但是日後的世代都將感受到這個改變的轉折點。本書

清楚解釋了哪些方法可以領導高績效團隊、增進信任、激勵人員達到最佳表現，同時還能讓人員享有彈性和選擇。

——艾美·湯林森（Amy Tomlinson）

員工體驗和虛擬工作空間專家

我很清楚，本書的上市對世界大有幫助，但梅麗莎帶我踏上的旅程，我卻還沒有做好準備。

梅麗莎認知到寂寞、內疚、無聊、偏執、憂鬱五種情緒的存在，並且詳加解釋。她提醒我們，這些感覺就是身而為人都會有的體驗，而我們要認清對方內心的感覺，支持對方在工作上茁壯成長，這樣一來，就能在更深的層次上相互聯繫關係。

——查雅·密斯崔（Chaya Mistry）

人性化顧問公司（Humanly Consulting）創辦人暨總監

在這個時代，再也無法做到「走動式管理」了，這本書有如清晰明亮的燈塔，能協助領導者管理人員。梅麗莎制定的準則，提供了強大卻簡單的藍圖，解析真正重要的領導行為。現在該把「人」重新放回職場的核心，而這本

著作有如出色的珍寶，向我們展示確切的做法。

——莎拉‧洛伊德－休斯（Sarah Lloyd-Hughes）

Ginger 領導溝通公司創辦人暨執行長，

著有《公開演說術》

（*How to be Brilliant at Public Speaking*）

對於每一位領導者，本書是不可或缺的讀物！無論你是否熟悉遠距領導法或混合型領導法，你都能從梅麗莎‧羅莫的著作中學到一課。我對這本書最愛的一點，就是非常實用，有診斷工具和路線圖，可以幫助你做出改善，同時也切中要點。領導力有一面是留意同事正在經歷的情緒，並且懷著同理心做出回應。梅麗莎‧羅莫，謝謝你向我們說明該怎麼做。

——珍妮‧蓋瑞特（Jenny Garrett）

OBE 公司創辦人、高階主管教練、領導力培訓師

獻詞

獻給我的雙親，

羅斯帝・湯林森和麗茲・湯林森

（Rusty and Liz Tomlinson）

——兩位不凡之人。

並在此紀念西格爾・巴薩德（Sigal Barsade）老師，

他教導我們，情緒在職場上占有一席之地。

引言

我們在瞬息間望進彼此的雙眼，

何種奇蹟會比這般的凝視更為宏偉？

——《湖濱散記》(*Walden*)，

亨利·梭羅 (Henry David Th oreau)

目錄 CONTENTS

Part 2・五種遠距就緒領導行為藍圖

懷著同理心與關懷心帶領成員

—— 萊絲特・薩德蘭（Lisette Sutherland）
《歐洲彈性工作法則》作者，
超強能力協作公司（Collaboration Superpowers）
創辦人暨總監

2009 年，我懷著雀躍好奇之情，想得知大家如何運用新興的線上工具進行遠距合作。我個人不喜歡在辦公室工作，想了解哪些類型的公司正在落實遠距工作，以及這些公司如何遠距工作，更想知道自己該怎麼投入遠距工作。我有了一個訪談別人以獲知更多資訊的想法。為了吸引對方跟我聊一聊，我跟對方說，我正在寫書。我從沒想過自己會實際寫出一本書來，但經過一段時日，大家越來越關注遠距工作，有些人還經常傳訊息過來，問我什麼時候出書。我終於讓步，把訣竅與最佳做法整理成《歐洲彈

性工作法則》（*Work Together Anywhere*），這本手冊由威立（Wiley）出版社於 2020 年出版，正逢新冠肺炎疫情爆發之時。

我自己的百分百遠距團隊是由一群自由工作者組成，成員都是自願一起共事。別擔心，我有付錢給他們！我所謂的「自願」，指的是我們沒有簽合約，工作量的多寡視我們承接的專案而定。我們之所以一起共事，是因為想要一起共事。在這種業務結構下，關係與信任至關重要。

從前，我以為自己是個不錯的領導者；後來為了開設「聯繫混合型領導者」（Connected Hybrid Leader）工作坊，我開始研究遠距領導法，進一步累積資訊，才發現了自己的不足之處。日復一日，我領導團隊的時候，都是按照規矩把事情一一做好，就像在方框上面逐一打勾那樣。我最明顯的優點就是條理分明又可靠，並且善用科技。我為團隊的週會做好準備，負責主持會議，讓每個人時時掌握專案狀況。然而，我還是有所欠缺。雖然我的團隊定期開會，但我們彼此之間還是會覺得壁壘分明、格格不入，而這種情況不光是距離造成的。我在事後檢討，以下的感覺浮上檯面：瑪麗亞（Mariah）覺得沒有動力，但不確定原

因；塔希拉（Tahira）不曉得瑪麗亞的工作內容；我忙著處理自己的工作。我們花了很多時間腦力激盪，想辦法讓我們更有團隊的感覺（意思是更有「聯繫感」），同時還要保有我們全都重視的自主與自由。

這段期間，友人蘿薇娜（Rowena）問我，她能不能把我介紹給梅麗莎。蘿薇娜說，梅麗莎正在寫書，內容跟遠距工作和同理型領導力有關，梅麗莎想聽聽我對虛擬協作實務的看法。蘿薇娜的朋友當然就是我的朋友，於是我們安排時間透過視訊見面。

對談的時候，我很開心，我們對領導力的觀點非常一致。梅麗莎很重視同理心與關心，我對此格外訝異。然後，我讀了書稿，體悟到我的團隊為何會有壁壘分明的感覺，原來是我沒有好好關心他們。我當然會鼓勵大家，身體不舒服就請一天假，而且我在 WhatsApp 群組，還會傳送「今天星期五！」的訊息以示慶祝。不過，我反思自己過去幾個月的行為，卻發現自己忘了某位同事的生日，而且在沒有事先告知的情況下，就把某位同事的部分工作改為自動處理。這兩個行為都不是我有意為之的，但不管有意無意，做出了行為就有其後果。

要投入遠距工作的話，公司各個層級都要提高透明度。所謂的提高透明度，就是要能看見別人正在做的事情，了解團隊心目中的成功是什麼樣子，掌握公司的財務健全度，必要時還要能取得資訊並獲得支援。有些公司甚至做到每個人的薪資都透明公開。我們希望領導者能夠讓團隊一直按照行程表工作，並且專注在目標上。我們想了解自己的工作該怎麼配合大局。也許，最重要的一點是：我們想確知領導者很關心；我們想確知領導者會因為大家同在一個團隊，就為我們挺身而出；我們想確知自己能夠信任領導者，他會在重要時刻做出正確的事。

　　當個優秀的領導者，不是那種當了一次就可以拋在腦後的事。優秀的領導力是一段不斷前行的旅程，要持續不斷地努力及貢獻，還要懷著熱忱去激勵別人。僅僅條理分明又可靠，並且善用科技，這樣還是有所不足。讀了梅麗莎寫的書之後，我有所體悟，所謂的好好關心團隊，意思是要把成員當成人去逐漸深入認識，要了解成員一開始做這份工作的原因，還要騰出時間，聆聽成員需要我做什麼，而一起從事遠距工作時，更是要聆聽成員的需求。

　　對我來說，增進個人情誼，不是自然而然就能做到的

事情。為了努力拉近彼此的距離，我（使用線上工具）為自己設定一件週期性的任務，提醒自己要確認團隊裡每位成員的狀況。這種方法聽起來呆板又機械化，但我向你保證，我的用意和實際的對談狀況，既不呆板也不機械化。

梅麗莎的著作會帶領你踏上迷人又精采的旅程，書中探討了五種無法言喻的遠距工作情緒，還提供核心習慣藍圖，藉以培養同理型遠距領導力。信任、同理心這類主題，感覺很抽象，但梅麗莎在書中提供的問卷、同理心檢驗、破冰問句，會幫助身為領導者的你開始有所進步，無論你是在這趟旅程中的哪個位置，都會更上一層樓。

在這個新興的混合型工作世界，若你覺得茫然無措，千萬別再張望，梅麗莎會逐步帶領你實踐整個過程，找出你的優缺點，協助你懷著同理心與關懷心帶領他人。

自序

從事遠距工作並保持密切關係

　　我會撰寫這本書，是因為從事遠距工作已經超過十年，在彈性的工作中雖是獲益良多，有時卻也艱辛難行。如今，眼見著旁人辛苦工作卻又不懂得如何開口訴說，領導者擔憂生產力和文化的崩解，而人們訴說自己重視彈性，想遠距工作，卻不想提及遠距工作的缺點，就怕無法選擇心中想要的工作方式。我想幫助各位理解成千上萬則的遠距工作重點，因而在此訴說某位遠距工作者和遠距領導者的故事，也就是我自己的故事。

　　我的故事既是成功故事，亦是警世寓言。之所以說是成功故事，是因為我近期在 Sage 跨國軟體公司從事遠距工作，職權和職涯有所成長，不但幾度晉升，我那個分散在全球各地的團隊也向外擴展。從事業成長的角度來看，全遠距根本沒有讓我處於劣勢。然而，我的故事之所以是警世

寓言，是因為我有時覺得孤立無援。我寧願一星期有幾天去辦公室工作，但基於個人因素，我的住家距離最近的公司據點，大約有一千三百公里之遠。此外，我的職責範圍涵蓋全球各地，就算待在公司辦公室，我跟團隊裡的其他成員，還是相隔數千公里和幾個時區。因此，團隊分隔多地（無論是不是遠距）已經成為我日復一日的現實。雖然我喜歡彈性，也喜歡帶領全球的業務，卻也想念每一個人。

多年以來，我試圖解決這個難題：「我該怎麼從事遠距工作，同時又保持密切關係？我該怎麼待在自己喜愛的這份工作，同時又應對寂寞感和孤立感？」新冠肺炎疫情出現之前，我經常出差；但在疫情爆發後，再也不用出差，每個人都是這樣，辛苦的情況變得更為嚴重。

撰寫本書，是為了協助領導者（包含我本人在內）達到 Work 2.0，不管身處何地、何時共事，關係的聯繫就是法則。

也許你正在應對同樣的難關，雖然在喜愛的工作崗位上，工作上也有你重視的彈性，卻覺得寂寞不已，渴望著團結與團隊精神。也許你是領導者，辦公室卻只有半滿，擔心團隊漸行漸遠、團隊文化消失、新人到職的情況，以及自己該如何協助最資淺勞工的職涯發展。

以遠距方式領導人員，不但要維繫彼此之間的關係，還要讓他們保持專注，並且有動力做出優良的工作成果，但這些事都很難做到。我是在社群媒體與寬頻出現之前於商學院求學；當年，遠距領導力原則從沒出現在課表上，因為二十年前幾乎沒有人從事遠距工作。我開始投入遠距工作時，根本沒有工作指南可供參考，學到的東西大部分都是不斷摸索得來的，日復一日去做，就跟各位沒有兩樣。本書內容是由我的個人經驗塑造而成，還結合了我所訪談的數十位遠距工作者、領導者、專家的故事，並且運用了最新的遠距型和混合型組織研究。

　　不過，在核心上，本書算是從業者寫給從業者參考的指南。

　　從個人經驗、訪談和研究當中，我所獲得的最重大發現是，遠距工作會以無法言喻的方式，對情緒產生影響。要是長時間沒在辦公室工作（很多人在新冠肺炎疫情期間都是這樣），那麼再次實際穿上鞋子、走進辦公大樓，可能會覺得不舒服，而置身於人群之中，也會覺得很奇怪，人際技能已然退化了。以前只是覺得通勤浪費時間，現在有時會覺得通勤很愚蠢，畢竟遠距就能完成大部分的工

作，又不用來回往返。

從事遠距工作，就表示我們生病時可以不告訴別人。我很清楚，因為我在 2020 年被診斷患有乳癌，遠距工作讓我在治療期間過著雙面生活。我動了手術，還花了一個月每天接受放射線治療，把療程安排在工作時間以外。在生理上，我可以持續登入，好像什麼事都沒有發生，因為疤痕和被放射線灼傷的位置，低於視訊鏡頭的高度。不過，在情緒上，這種試著繼續照常工作的做法，卻對自己沒有好處。我想過要告知團隊，但要是跟他們說主管罹患癌症，就是在他們每天面對疫情的生活中，多增添了一件嚴酷的現實，我不想這樣。然而，在職場上，我比以往更需要同理心，要是我把同理心擋在外面，可能會讓我眼前的考驗變得更嚴峻。

我領導團隊將近三十年，而且從 2009 年起以各種形式從事遠距工作，以前是一人創業者，管理多位自由工作者，現在是待在跨國公司，帶領著分散各地的團隊。我目前的團隊成員從倫敦、洛杉磯等十個城市登入並投入工作，跟我置身於同一個國家的團隊人員不到兩成。團隊人員使用的語言有四種，年齡從二十幾歲到五十幾歲。我珍

惜團隊的多元化，大家的年齡、語言、人生經驗各有不同，而身為自稱的環球客，所處的地域更是格外多樣。

每天，我被要求確保團隊達到最佳工作表現，確保成員都喜愛工作。在這個複雜的矩陣型組織裡，我被要求提供明確的指示、做出決策、分配資源，要讓大家的期望達成一致並加以管理；我要宣導策略，說服同事接受策略；我要解決衝突，聆聽並建議，指導並支援，讚揚並鼓勵，啟發並激勵。

科技工具和公司文化帶來很大的幫助，我的公司採用科技工具，而公司文化更讓全遠距人員覺得自己是公司的一分子，並準備好達到最佳工作表現。當我開始在北美洲從事全遠距工作，「同事成功」（Colleague Success）團隊欣然接納我，我還得知自己隸屬公司在北美洲地區最大的「園區」──遠距園區。公司內部舉辦大型活動時，要是我無法親自前往會場參加，「活動包」（event pack）就會郵寄到我家，隨附的短信會以感謝和雀躍之情描述即將舉辦的活動。有一年，我的筆記型電腦出了問題，資訊科技團隊當天就把備用品從亞特蘭大寄到紐約。我們有最佳的協作工具，方便聊天、視訊通話、分享檔案、腦力激盪、

提出文件、在全員大會提問、參與大小會議。簡單來說，在文化和科技上都沒有不足之處，我應該能以全遠距同事的身分獲得成功。

然而，我獲得以下的頓悟：如果你萬事俱備，但你的領導者不太擅長領導混合型遠距團隊，不太懂得協助分散各地的人們聯繫關係，也不太了解同事遠距共事的經驗很細膩複雜，那麼遠距工作團隊的運作還是會很辛苦。

在此感謝史丹佛大學經濟學教授尼可拉斯・布魯姆（Nicholas Bloom），他在 2011 年進行開拓性的實驗，開啟了一扇大門，讓我們得以認識遠距工作。他研究中國員工在九個月期間的遠距工作情況，結果證明，在家工作不僅能提高生產力（提高 13%），還能降低離職率（50%）。然而，根據實驗過後進行的幸福感問卷調查，在遠距工作團隊的參與者當中，有 24%表示自己很寂寞。新冠肺炎疫情期間，人們不得不在反常情況下從事遠距工作，在家工作的人們表示，有三分之二的時間覺得很寂寞。其他的情緒和心態，也導致在家工作變得複雜起來，我們比以往更需要領導者，這樣我們之間的關係才會變得更緊密。我們需要的是領導者，不是科技。

友人柯琳‧克里諾（Colleen Crino）在資訊科技產業擔任開發長一職。她對我說，她的公司正在測試 Oculus 頭戴式裝置，並且鼓勵團隊利用該裝置，在新的層次上聯繫關係。她試戴這個裝置，玩了一些遊戲，跟一起共事的虛擬替身（不是真人）聊天。然而，她戴了一小時，覺得這個裝置真的太重了，還承認說，自己真正想要弄懂的，並不是怎麼跟虛擬替身聊天，而是怎麼發揮「團隊會議的技巧」。她覺得，自己能為團隊所做的最好的事情，就是善於安排團隊會議，讓成員更常一起參與虛擬的「全員」通話。而且，是由她本人來帶領大家變得關係更緊密，不是由元宇宙的身分來帶領。

現今的工作世界對我們的要求比以往更多，但願在本書的幫助下，所有的遠距領導者都能找到他們在工作世界肩負的使命。遠距型和混合型工作的最後一塊拼圖，就是確保人類能夠像工作那樣蓬勃發展。

我們一起把這塊拼圖放到正確的位置上吧！

——梅麗莎‧羅莫

紐澤西州霍博肯市，2023 年 4 月

遠距團隊的關係聯繫，是透過人本身

2001 年 9 月 11 日，恐怖攻擊事件發生以後，美國運通公司（American Express）全體員工移往臨時辦公室。其總部建築位於曼哈頓下城，就在世貿中心對面，事件發生後的一年多期間，員工都沒辦法在總部工作。某位朋友對我說，當時全紐約市、全世界都處於震驚不已的狀態，起初都是麻痺自己去上班。

她先在曼哈頓上西區搭地鐵，再搭渡輪前往紐澤西州哈德遜河對岸的辦公室，公司在那裡設立臨時辦公室。通勤路上擠滿人潮，他們遞出失蹤人口傳單，傳單上面是他們在 9 月 11 日週二上午之後再也沒見過的摯愛，附有相片、姓名、特徵等。她穿著藍色套裝。他的左手臂有刺青。他最後出現在南塔的一百零二樓。她下顎的左下側少

了一顆白齒。如有任何資訊，請致電。最初的幾天和幾週，每個人都努力相信死者只是失蹤，大家都心碎不已，難以言喻。

每一根柵欄、每一根路燈柱上面，是成千上萬人張貼的失蹤人口傳單，我朋友每天都要走過這一根根柵欄和路燈柱。每天早上，她抵達紐澤西州的渡輪碼頭，公司執行長肯・錢諾特（Ken Chenault）都會站在碼頭上迎接員工。他跟員工寒暄，詢問員工的感受，他問員工，有什麼事情是他可以為員工做的。他懷著同理心去看待員工每天要經歷的痛苦上班路程。在那段嚴酷的通勤路上，他與員工同在。錢諾特的真心關懷，她永遠也忘不了。

2003 年，我開始為美國運通公司工作，當時員工才剛開始回到曼哈頓下城的公司總部，總部對面是空蕩的地面，那裡曾經矗立著世貿中心的雙塔。我從位在二十八樓的辦公桌，可以俯瞰巨大的凹槽，工程師稱它為「浴缸」，它的設計是為了支撐龐大的雙塔，也是為了擋住紐約港和哈德遜河的河水。「浴缸」的壁上排滿金屬塞頭，看似禿頭娃娃的腦袋，被時間和脾氣弄得脫髮。有了塞頭，厚辮狀金屬線材可以布線到建物頂端，還能像吊橋那

樣固定雙塔。當初雙塔的鋼構熔化，頂端張力崩潰，最後是辮狀金屬線材把雙塔拉至地面。

　　每年的 911 紀念日，美國運通公司會請員工在家工作，但以前沒有寬頻，很難在家工作。紀念日當天，會有大批家屬聚集在「浴缸」周圍，浴缸邊緣架設了平臺；遇難者的姓名會逐一由家屬大聲念出來，很多都是小孩的聲音，他們失去了父母。我坐在三層玻璃窗的後面，他們微弱的聲音迴盪著，有如老舊收音機的喇叭傳來的金屬聲。2003 年時，我不知道那天有舉辦儀式，當時也沒有適合的工具和科技，在家工作很不方便，所以我去公司上班，坐在二十八樓，從早上八點到將近十一點，我聽著小孩用微弱的嗓音念出父母的姓名，那些心碎的聲音如此鮮明，讓人一聽就覺得難受。之後的幾年，我每到那一天都是在家工作。

　　新冠肺炎疫情不是為期一天的創傷，而是一種潛伏性的悲劇，在全球各地引發令人心碎的處境，奪走數以百萬計的生命。大家無不受到疫情的影響，在職場上，疫情讓大家全都感到脆弱。主管和團隊之間的對話，比以往更需要袒露情緒，因為待在家裡，生活和工作會混在一起，也

因為有些人的人生經歷嚴酷的轉折。身為領導者的我，開始投入可怕的例行工作：遇到會影響下屬的生死攸關問題，當下要有解決方案，不僅要關懷下屬，還要讓業務繼續運作，並且一而再、再而三地反覆實踐。要確保工作不失誤，同時還要關懷他人，該怎麼做到？身為主管的我，努力把事情做對，卻是筋疲力盡，不確定自己是否真的都做好了。

任何一天，都會有員工跟我說，家人住院了，或者丈夫在臥室隔離，小孩在另一間臥室隔離，而我的員工要在視訊會議之間的空檔送食物到他們的門口。或者，父母在加護病房，性命垂危，下午可不可以請假，想站在醫院外面等，如果父母的病況好轉的話，就可以坐輪椅到有窗戶的走廊那裡，方便家人探視。或者，他們會離線好幾個小時，因為他們要跟數百人一起排隊打疫苗。新冠肺炎疫情對員工和公司造成的影響，並沒有領導力工作指南可以用來應對，就像 911 事件發生時，肯·錢諾特也沒有領導力工作指南可以用來應對。

911 事件發生之後，以及恐怖分子在倫敦和馬德里發動爆炸攻擊之後，許多領導者都挺身而出，採用不尋常的

方法來支持員工。疫情期間，許多公司也實施了一些特別措施：心理健康成為可以討論的話題；有些公司提供不限天數的休假；冥想應用程式（meditation apps）、健康資源等福利，已經成為所有工作都會提供的桌上籌碼。

不過，為什麼非得要等到創傷事件發生後，我們才會想起自己是活生生的「人」，應該要善待彼此？美國運通公司有另一位領導者很出名，他會隨身攜帶公司績效指標的索引卡，其中一項績效指標是員工證在大廳閘門的「刷卡」次數。不動產的使用情況當然是一項該記錄下來的重要財務指標，但我們很快就會意識到，去測量「建物裡的人數」，就會開始不把工作團隊當人看。

後疫情時代，考勤制度一時蔚為風潮。據說，記錄刷卡狀況，已成為許多理財公司和其他大型公司普遍採用的手段，各團隊的刷卡績效紀錄表都會送到領導者那裡。主管應該要花時間掌控員工進入建物的次數。如果員工進公司兩天，而不是三天的話，那麼主管就應該要處理。同行的公司領導者每週都會收到這些報告，我問他們知不知道該怎麼處理，但他們都不知如何是好。無論他們是忽略那些報告，還是採取行動（但不清楚是什麼行動），他們都

說，不管怎樣，他們就是會輸。公司的訓斥是油鍋，員工的反感是爐火。

儘管有些領導者（例如伊隆・馬斯克〔Elon Musk〕）規定員工回到辦公室工作，但是在我寫作之際，根據 Kastle Systems 辦公室保全系統公司的資料，從識別證刷進辦公室的次數來看，美國十座城市的辦公室平均使用率，停滯在 42%。在調查的十個市場當中，有六個市場實際表示，辦公室使用率下降，包含奧斯汀市、達拉斯市、紐約市。

美國運通公司全球商業服務的前任總經理蘇珊・索博特（Susan Sobbott），曾跟我聊到美國運通公司採納遠距工作的悠久歷史，還有美國運通公司和其他公司在接納遠距工作時碰到的困難。早在 1990 年代，美國運通公司就開始為銷售與支援團隊設立家庭辦公室，那是為了降低不動產成本而採行的其中一種策略。1990 年代晚期起，蘇珊一週會有幾天在家裡工作，她的遠距主管從位在波士頓的家中，鼓勵她在家工作。

2000 年代初期，蘇珊在美國運通公司進一步創立專案資源團隊（Project Resource Team, PRT），這項福利是專

門提供給想要遠距工作的員工。我是遠距員工，卻沒有加入專案資源團隊，原因請見第三章。儘管數以千計的員工都可以加入專案資源團隊，但是實際上只有十幾位員工（且皆為女性）參與其中。儘管如此，蘇珊認為，專案資源團隊還是有助於振奮全體員工的情緒。就算員工沒有利用這項計畫，但這項計畫的存在，就會讓員工對工作的感覺有所好轉，而且公司等於是在向員工傳達以下的訊息：「我們關心員工。」然而，一定會有不平等的情況發生。蘇珊跟我聊到，有一次，她不得不把某位員工降職，因為對方需要搬到國內另一端，成為永久的遠距員工。以前，遠距工作有時意謂著退步，而至今還是有這樣的意味。

　　幸好，在新冠肺炎疫情期間，全球各地有許多公司做出各種動作，用以表示「公司關心員工」。這段期間，我們遭遇特殊的處境，從而發現普世的共通人性，此情況在職場上尤其明顯，而我認為這種說法並未流於誇大。為了完成工作，我們必須不惜一切代價。不管看起來怎麼樣，我們都必須露面出勤。雖然壓力很大，卻也讓我們擁有自主權、主導權、謙虛的態度。我們那亂七八糟又岌岌可危的幸福感，勾勒出混亂的地形圖，在這地圖之上，我們每

天辛苦解決問題，得以再度感受到自己何以為人，並且了解我們有哪些基本需求和責任，我們彼此之間的關係聯繫也因此變得更緊密。「我們都同在一艘船上」這句話，雖然是老生常談，卻是實情。

重要的是，我們每一天都是活生生的人，不是僅限於世界輾壓在我們身上之時。然而，疫情再也不是自主權和主導權背後的強迫機制，我擔心我們會退步，失去「有志者事竟成」的美好情誼。我不想那樣，而如果你正在閱讀這本書，那麼我覺得你也不想那樣。不過，我覺得你也會想要有個對策可以用心從事遠距工作，而不是懷著絕望的態度。

新冠肺炎疫情發生時，突然之間，每個人都要盡量改成在家工作，很多人對我說，好幾個星期都沒收到領導者的消息，這讓我嚇了一跳。公司正在幫助員工，但領導者卻消失不見，為什麼？我在本書中想找出許多問題的答案，而這就是其中一個問題。在創傷的時刻、在平日的時刻，身為人的領導者，在帶領其他人時，到底扮演著何種角色？有些關係會對員工敬業度和業務績效產生長期影響，隨著遠距型和混合型工作可能越來越普遍，領導者該

怎麼建立關係、增進關係、培養關係？

獻給遠距團隊的主管

　　本書適合的對象是不懂得有效運用遠距型和混合型工作的領導者。我跟那些親近資深高階主管的人士談過，察覺到他們對於遠距型和混合型工作感到不適，卻覺得不能講出來。有一些例外的情況值得注意，有些執行長會公開表示，他們對遠距工作感到不滿，而在這類聲明發表後，繼之而來的往往是辭職、請願、社群媒體上的風暴。

　　要是你看過勞動統計數據，就會明確知道，遠距工作精靈從瓶中釋放以後，就塞不回去了。你要雇用的人員，都會強烈要求在家工作。大家要做的工作，是那種值得去做、工作方式合理的工作。根據美國勞動統計局的資料，2021 年 11 月的辭職人數達到四百五十萬人的高峰，比 2019 年 11 月高了將近三成，而且自 2000 年收集資料以來，2021 年 11 月是辭職人數最多的月份。美國智庫皮尤研究中心（Pew Research Center）於 2022 年 2 月的研究結果訴說箇中原因：有 63%的辭職者想要更高的薪水和晉升；緊追在後的是，有 57%的辭職者表示，他們覺得在

職場上沒受到尊重；有 45% 的辭職者表示，他們的工作缺乏彈性。此外，2021 年，顧能公司（Gartner）的問卷調查也呈現以下的情況：65% 的受訪者表示，疫情讓他們重新思考工作在人生中扮演的角色，而他們的感想近似於「人生苦短」。

然而，精明如你，就算這些資訊讓你感到不舒服，你還是很清楚，想要善用人才的話，就必須精通管理法，必須支持人員的工作方式、工作地點，甚至工作理由。在此，我並不是要你把遠距工作這片硬麵包給吞下去，而是想要進一步協助你。我希望你能看清遠距工作的真實樣貌，它其實是個大好機會：你有機會在你想要的地點，雇用你想要的人員；你有機會延攬各地人才，讓他們擔任公司各個階層的職務；你有機會激勵下屬發揮創造力並自動自發地努力，因為下屬知道你關心他。你雇用人員，不是只為了讓他們占著職位；你雇用人員，是為了幫助你獲勝。但願你會懂得，遠距團隊之間的關係聯繫，不是透過科技，而是透過人。關係的聯繫是透過你。

有些主管負責管理的是獨自從事遠距型或混合型工作的人員，這本書正是寫給這類主管看的。所謂的「遠距工

作」，其實是在私人空間單獨工作，而職場是在十吋螢幕的另一端。我那兩個十幾歲的兒子，把我的工作世界說成是《駭客任務》的「母體」：「媽媽又回去母體了。」待在母體裡面，感覺、工作和行為都會受到影響，而本書會幫助你了解人類的互動交流，並提供逐步的引導。

很多書籍都會提供更優秀的專案管理實務、生產力技巧，還有日益增加的各種科技工具，以便幫助你成為更優秀的領導者，順利帶領遠距型和混合型團隊。儘管如此，就算擁有全世界最厲害的遠距科技，但若領導者不懂得在運用科技的同時增進人際關係，那麼就無法取勝。

遠距領導力的必要性，可能是你始料未及的。你的團隊需要知道你關心成員，由於雙方之間隔著一段距離，成員更有必要知道你會關心他。

知名的馴馬師派特・佩雷里（Pat Parelli）開設領導力的指導課程時，特別著重遠距領導力。佩雷里的教導是以「自然馬術法」為基礎，原理就是利用溝通、理解、心理學的方式，自然而然學會馬術，不是透過機械、恐懼感、恫嚇的手段。

想想看，「**利用溝通、理解、心理學，捨棄機械、恐**

懼感、恫嚇」這個原則，可以用來應對當今的領導者在遠距工作上碰到的困難，還能夠協助領導者從原本配合工業時代股東資本主義的需求，改為適應二十一世紀的利害關係人資本主義，也就是把人放在心上（編註：利害關係人是指與公司營運有利害關係的人）。

佩雷里運用「語言」、「領導力」、「愛」三大技巧，教導自然馬術法已經有四十年的經驗。人與馬之間的行為，具有「難以傳授的部分」，而他在傳授時，運用以下三大技巧：**感覺、時機、平衡。**

人與馬要一起跳柵欄、沿著跑道疾馳、甩開其他馬匹、越過終點線、搶得第一，而要達到這些目標，感覺、時機、平衡是三大要件。馬與人之間，無法透過語言傳達訊息，在沒有解釋、毫無脅迫或無從控制的情況下，雙方彼此能徹底理解的，就只有感覺、時機、平衡，有了這三者就會獲得成功。

看到佩雷里提出的原理，讓我想到兩種生物之間可能產生的關係聯繫潛力，只要兩種生物都敞開心胸去接納關係的聯繫就可以了。這種關係的聯繫會產生信任感。真正的領導力，是執行長站在渡輪碼頭安慰工作團隊的那種領

導力，是難以傳授又帶著神祕色彩的領導力。我不想把你的員工比喻成馬匹，但佩雷里的見解太過優秀，一定要跟大家分享。在佩雷里的自然馬術法中，關心是不可或缺的環節，而我喜愛佩雷里的總結：「你有多懂，馬才不關心；等馬知道你有多關心，馬才會去關心你的所知。」

佩雷里對關係的聯繫抱持堅定的信念，基於他的精神，蘇珊・索博特向我訴說以下的想法：「能量會流經我們，再流向別人。如果你要創造能量並互動交流，就必須把那股能量往外散播。而唯有透過關係的聯繫，那股能量才能散播出去。」

遠距團隊的成功領導者，全都具備耐心、坦率、優雅的特質，並透過真實的關係聯繫來關心他人。成功的領導者懂得充分溝通，保持沉著的風度，提出適切的問題，又不跨越隱私權的界線。每一位遠距工作者的需求都稍有不同，技能高超的遠距領導者懂得定下合宜的績效期望，同時建立團結互助的組織文化，當某個人短暫失敗時，所有人員都會出手幫忙。

如果你跟對方開完視訊會議，覺得好像有什麼不對勁，心煩不已，那麼本書正好適合你。你已經打開大門，

想把你和共事者之間的關係給聯繫起來，而本書會提供藍圖，方便你利用那扇開啟的大門。協助人員充分發揮長處，這件事並未改變；但設法發揮長才的人員，卻已經有所轉變。

本書的使用方式

- **在第一部分，我們要探究遠距型和混合型工作的五種情緒陷阱，**還要認識遠距環境下五種情緒陷阱的作用。這五種情緒陷阱分別是：無聊、憂鬱、內疚、偏執、寂寞。老實說，這本書讀起來不輕鬆，卻有助於了解以下事情：遠距員工會有哪些特殊的情緒模式，這些情緒模式如何妨礙關係的聯繫，這些情緒模式為何會出現，如何認出這些情緒模式。往好處想，每一種情緒模式都各有對比的情緒模式，任何領導者都能夠加以運用。

- **在第二部分，我們會精通五種遠距就緒領導行為藍圖，**這五種藍圖會塑造同理型遠距領導者的核心習慣：確認狀況、樂觀溝通、增進信任、劃定界線、管理績效。這些行為可以整理成「遠距領導力圓

輪」（The Remote Leadership Wheel™），有助於了解每一種行為與同理心之間有何關聯，又該如何增進同理心。

· **每個部分的開頭都會列出一種診斷工具。**第一部分的診斷工具有助於判定你和員工對遠距工作的情緒和心態。第二部分的診斷工具有助於評估你在遠距領導力的準備就緒程度，以及你在哪些地方最需要增進技能。

· **本書的結尾附有破冰問句和領導力藍圖摘要**，這些參考資料十分簡短，只要看一下就能讓你想起本書提出的概念，懂得怎麼展開對話，還能夠應用遠距就緒領導行為藍圖，而且這些藍圖在任何情況下都適用。

Chapter 1

在兩個
工作世界之間

　　在新冠肺炎疫情初期，印度作家阿蘭達蒂・洛伊（Arundhati Roy）希望大家知道，我們正在面對的疫情，其實是難得的良機，於是她寫了一篇文章，表明疫情有如「入口，是兩個世界之間的閘道」。在這樣的時刻，我們可以堅守著以前所知的世界，也可以抵達入口處，「走進入口，準備好想像另外一個世界」。

　　我們的工作方式和領導方式，有如手足般站在入口處，而從入口處進去以後，就來到一處截然不同的工作世界。領導力理論就算沒有數千年的歷史，也有數百年之久，但我認為，如今已經來到轉折點，不是引發嶄新的開明領導力時代，就是把我們送回工業時代的溝渠之內。至於會往哪個方向發展，多半掌握在你（正拿著這本書的

你）的手中。

在我寫作之際，遠距型和混合型工作多半已不再像疫情期間那樣強制施行。在工作設計上，我們已經進入選擇的黃金時刻，雇主和員工雙方應該都會對將來滿懷希望。在 2022 年的訪談中，暢銷作家暨華頓商學院組織心理學家亞當‧格蘭特（Adam Grant）表示，領導力的領域有望出現轉機：「疫情的好處少之又少，其中之一就是越來越多的領導者和管理階層開始認清，不關心他人的生活品質，就得不到高品質的工作成果。」

員工的表現已經證明，只要該工作適合在家處理，居家辦公就能達到高效率，但在遠距型和混合型的工作上，還有在公司想要採納的做法上（若公司願意做的話），依舊會碰到困難。

到底有什麼難處呢？難在於打破習慣、傳統、文化，但也許有一部分是失去掌控所致，畢竟親眼看到活生生的人，就好像能夠掌控他們做的事情。如果看見就等同於掌控，那麼看不見就表示一切都失去掌控。掌控和脆弱，與關係的增進相互牴觸，大家都想把掌控當成是「惡」行而擱置一旁，但在業務上，掌控扮演著重要角色。

有了掌控，就能鞏固所有的業務策略和決策。我在職涯初期就已經知道，除非我有辦法可以解決問題，否則絕對不要把問題告知上司。在告知風險的同時，一定要提出一些可以減輕風險的行動。身為企業的領導者，你應該時時刻刻掌控結果。總是不到一週就會有人問我：「如果我們去做／不做那件事，企業會面臨什麼風險？」想要增進利害關係人的價值，並且為顧客提供品質一致的產品與服務，那麼掌控風險就是核心所在。除了掌控，沒有其他方式可以做到。

　　然而，如果我們贊同掌控有其必要，那麼在遠距工作上，我們還可以抱持另一種思考模式。約翰・里歐敦（John Riordan）曾經在維珍航空公司（Virgin Atlantic）、Shopify 公司、蘋果公司擔任高階主管，如今在「遠距成長」（Grow Remote）機構擔任理事長，該機構是獲獎的社會企業，主要支持地方上的遠距就業。約翰在掌控的難題上，提出很好的準則：「我們必須把『掌控工作』和『掌控工作者』區分開來。」對於我們想要獲得的結果，我們當然能夠預測及掌控。不過，人們要用什麼方式達到那些結果，現在會比疫情之前更端賴於他們自己。

對於在掌控方面碰到困難的領導者，約翰·里歐敦提出的建議是，請相信你的聘雇決策：「你已經雇用了出色的員工，並且把一件任務或一批工作指派給員工，現在就放手讓員工去做吧！一定要確認狀況，並且不吝給予鼓勵。我堅信著『信任但要查證』，但信任有個祕方，請相信你在聘雇員工時、指派任務時所下的判斷。」

身為領導者的你，請自問：「你試圖掌控的，到底是工作，還是工作者？如果你主要掌控的是工作，不是工作者，那麼你對於遠距工作的看法會有何不同？」

遠距型和混合型工作的成功，絕非易事，但很值得投入，原因如下：

1. 我們希望這類工作行得通的最重要原因，就是：員工不只是請公司提供這類工作，更會要求公司提供這類工作。如果公司在工作要求上，可以讓員工選擇工作時間和地點，那麼受訪的員工多半都希望能自行選擇工作時間和地點。身為雇主的我們，要是決定不想給求職者任何選擇，就會眼睜睜看著潛在的員工人數就此減少。

2. 若雇主建立的公司，在生產力方面不仰賴實體地點，那麼他就會握有更多的選擇。只要不在乎求職者的居住地，就能夠立刻找到完美的求職者來擔任職位。如果員工待在原地就能接任新工作，那麼公司提供的搬遷福利可能多半會成為過去式。雖說如此，要搞懂不同國家的稅金、福利、工作實務，仍是一項不斷演變的挑戰。莎拉·霍利（Sarah Hawley）是遠距聘用科技新創公司 Growmotely 的創辦人暨執行長，也是《用心領導》（*Conscious Leadership*）的作者，她認為，將來的工作會比較類似承攬模式，專業人士可以自由選擇居住及繳稅的地點。她已經看見，工作即將與民族國家脫鉤，而國家和政府必須接受這個重大的轉變，並且據此制定法規。如果出現自然災害、疫情、戰爭或氣候變遷，引發另一場大規模危機（將來一定會發生），那麼那些（全部時間或部分時間）把工作團隊和職場脫鉤的公司，在應對起來就會敏捷靈活許多。一旦遠距工作成功，企業的持續營運也會隨之成功。我們在 911 事件學到

這個原則，而它至今仍未改變。

3. 投入遠距型和混合型的工作，就可以贏得健康。
   如今已經有大量研究證明，只要有合適的組織設
   計（organizational design），加上技能高超的領導
   力，那麼遠距工作可以提升員工的快樂度、減少
   壓力、加強工作和生活之間的平衡、提高工作的
   掌控度。遠距工作有望帶來諸多益處，能協助工
   作團隊於今、於後都變得更加穩健。不過，大前
   提是前文提到的兩大要點：一是組織設計，二是
   技能高超的領導力。如果員工得要辛苦求取遠距
   型或混合型工作的成功，那麼遠距工作的潛力還
   是無法發揮出來。

4. 擅長遠距型和混合型工作，就表示能夠有效減少
   四處移動的需求（包含短途通勤和長途差旅），
   從而建立更永續的全球經濟。遠距工作不會自動
   減少公司的碳足跡，畢竟它還是會帶來其他影
   響，例如開視訊會議、家庭辦公室的冷暖空調
   等。不過，如果公司有自覺地選擇減少差旅並改
   開混合式會議，藉此彌補遠距工作，那就表示團

隊差旅的減少是公司政策使然，因為公司已經坦然接受並促進遠距協作。在相隔一段距離的情況下，領導者要是能夠懷著同理心，跟員工互動交流，這就表示一年可以有一次或兩次的異地工作，而不是一年四次或更頻繁的次數。對於想在將來做到淨零排放的公司來說，遠距工作大有可為。這方面的詳情，請見〈附錄 A：遠距工作的低碳策略〉。

5. 遠距型和混合型的工作會創造機會，讓新部門的工作團隊進入工作市場，從而支持我們在多元和包容方面付出的心力，但有一個重要警訊：選擇遠距型或混合型工作的員工，有可能會因「近距偏好」而遭受排斥。近距偏好是指在辦公室工作的員工會獲得的優勢。若要去除近距偏好，那麼遠距員工所獲得的資訊、人員、文化、影響、薪資、職涯發展，就要跟在辦公室工作的員工一樣。多元又包容的團隊非常關注近距偏好，2022年，這個主題在谷歌網站（Google）上面的搜尋量已經增長一倍。許多國家都非常關切就業狀

況，即將實施全新的在家工作法律；在美國，開始有人根據《美國身心障礙者法案》向雇主提告，而該法案規定，公司應該要提供「電傳勞動」（telework，即遠距工作）做為合理調整，方便對方能夠投入工作。在疫情之前的世界，這類「電傳勞動」要求通常很快就會遭到拒絕，但如今法院判決，雇主必須給予適當考量。詳情請見〈附錄 B：遠距工作的多元與包容注意事項〉。

我相信遠距工作的價值，無論是對全遠距工作或混合型遠距工作，我都很有信心；因為大家想要從事遠距工作，也證明遠距工作是有效的工作模式，而我相信人們的可能性。不過，遠距工作出現了破損之處，原因是許多組織及其領導者可能會退回到大家被迫遠距工作之前的方式。以前的遠距工作是特例，不是硬性規定；以前的遠距工作被大家汙名化；以前的遠距工作屬於職業父母，屬於那些把人生其他領域列為優先、選擇離開職場的人們。以前，遠距工作者其實沒被計算在內，因為遠距工作其實不算是工作。在那個時代，我是遠距工作者，職涯跌至谷

底，大家都否定我在家做的事情，說那才不是「真正的工作」，這種說法損害了我的自信心和自尊心，甚至影響我對人生的整體展望。我們可不能退回到以前的那種模式。

今日，很多領導者都認為，企業要雇用最優秀、最多元的人才，最快的途徑就是遠距工作。分散式網路設計開發公司 Automattic 的創辦人麥特·穆倫維格（Matt Mullenweg），在 2005 年創辦公司時就十分出名，因為他把公司設計成全分散式。他偏好「分散式」一詞，較不喜歡「遠距」的說法。在他看來，「遠距」表示有總部，有些人在總部工作，而那些不在總部工作的人，就被貼上「遠距」的標籤，被看成是相隔一段距離。「遠距」一詞會引發「我們和他們」這種有別的互動。穆倫維格認為，分散式工作非常重要，因為「人才會均勻分散在世界各地，但機會卻不是這樣」。如今，Automattic 公司已經創立逾十五年，價值逾七十億美元，從第一天起，工作團隊就是分散在世界各地，公司將近兩千名員工都是在各自想要的地點和時間投入工作。

GitLab 軟體公司以遠距工作為優先，其遠距主管戴倫·莫夫（Darren Murph）曾經在領英網站（LinkedIn）

的個人簡介刊出宣言，聲明遠距工作的價值：「我認為，遠距工作可以徹底轉變鄉村人口衰減的情況，減少社區曇花一現的狀況，把機會擴散到資源不足的地區。我認為，全遠距是最純粹的遠距工作模式，能讓人人都享有公平競爭的環境。」

華倫・巴菲特（Warren Buffett）提出的「卵巢樂透」（ovarian lottery）觀念，非常類似穆倫維格的概念。個人的成功多半可以歸功於出生地的經濟制度，就巴菲特的例子而言，他的成功多半是因為出生地是內布拉斯加州奧馬哈市，不是孟加拉。拿巴菲特的用語來說，巴菲特贏得「卵巢樂透」。假如巴菲特誕生在貧窮的經濟體，就永遠達不到這一生享有的成就。從前，地點十分重要；現在，地點不一定重要。

前一陣子，演員暨創業者萊恩・雷諾斯（Ryan Reynolds）表示，創意產業需要更往遠的地方，去尋找多元的人才，不要只在洛杉磯的好萊塢標誌或紐約的麥迪遜大道附近尋找。他跟勤業眾信公司（Deloitte）合夥，共同創辦「創意之梯」（Creative Ladder），協助各地少數族群的人才接受培訓，並取得創意行銷工作。

前述的例子突顯了一件事實：一旦工作團隊與職場環境脫鉤以後，在紐約華爾街、倫敦坎納瑞碼頭、約翰尼斯堡桑頓、上海浦東等地以外的人員和公司，就不用再受到限制。只要有勇氣走進前方的入口，舊有的限制就會消失不見。

把同理心當成工具

關於遠距工作引發的多種複雜情緒和心態，我們還在學習，因此，五種領導行為藍圖會強調領導者要同理哪些情緒並採取行動，而且只要使用一些手段來平衡那些情緒就行了。

加州大學柏克萊分校的至善科學中心（Greater Good Science Center）提出解釋：「情緒研究員對於同理心的定義，就是有能力察覺別人的情緒，再加上有能力想像別人可能會有的想法或感受。」這兩種能力也可以分別稱為「情感同理心」（affective empathy）和「認知同理心」（cognitive empathy）。

研究員解釋，同理心的目的是要啟發人們採取關懷的行動。同理心會觸發我們認知到普遍的人類經驗，讓我們

互相幫助，無論我們之間可能有哪些差異，都會覺得彼此關係緊密。我們會利用同理心的目的——也就是關懷的行動——來引導我們在第二部分的領導力藍圖往前邁進。

情緒（emotion）和同理心會是力量強大的工具；如今在商業界，這兩種工具會比以往更加獲得肯定。2021年，安永顧問公司（Ernst & Young）刊出了首度進行的「商界同理心問卷調查」（Empathy in Business Survey），在各個工作階層的一千位美國受雇者當中，有 80%的受訪者覺得，同理心會改善領導力、奠定信任、提高生產力。

靈長類動物學家法蘭斯‧德瓦爾（Frans de Waal）負責研究靈長類動物的同理心，他認為，情緒會跨越規定並反抗意識型態。有了同理心，我們對於自己所屬團體所下的定義，就會向外擴展。例如，奧斯卡‧辛德勒（Oskar Schindler）基於同理心，違抗他所屬的意識型態團體和政治團體，在二次大戰期間阻止猶太人被抓進集中營；他所具有的同理心，讓他認為自己屬於更廣大、更重要的群體——人類。

全世界有超過十八萬人接受至善科學中心的線上測驗，因此，該中心能夠衡量人們的情感同理心和認知同理

心的程度。根據該問卷調查的匯總結果，情感同理心比認知同理心更為常見，而且女性和年長的受訪者比較有情感同理心。如果你想接受測驗，請前往該中心的網站。[1] 滿分為 110 分，我得到 88 分，有高度的情感同理心，中度的認知同理心，那你呢？

疫情以全新的方式把情緒和同理心放在最重要的位置，當時麥肯錫公司（McKinsey & Company）建立了「情緒檔案」（Emotion Archive），這是全球性的調查研究，用以審視疫情如何改變人們的生活和生計，而且這份研究完全是以情緒為基礎。麥肯錫公司的研究成果是「情緒指標」（Emotion Index），其中證明了世界各地的人們多少都感受到一些相同的情緒，尤其是「接納」和「理解」這兩種情緒最為明顯。新冠肺炎疫情期間，這些情緒定義了我們，還讓我們團結一心，所以這家頗受推崇的公司決定有系統地整理當時發生的情況。

疫情爆發之前，有關同理心和領導力的研究，主要歸功於美國心理學家彼得・薩洛維（Peter Salovey）。2000

1　https://greatergood.berkeley.edu/quizzes/take_quiz/empathy

年，彼得・薩洛維、大衛・卡魯索（David Caruso）、約翰・梅爾（John Mayer）共同制定「梅薩卡情緒智力測驗」（Mayer-Salovey-Caruso Emotional Intelligence Test, MSCEIT），用以衡量人們在以下四種情緒層面所具備的能力：察覺情緒、運用情緒、了解情緒、掌控情緒。

1995 年，心理學者丹尼爾・高曼（Daniel Goleman）出版重要暢銷書《EQ：決定一生幸福與成就的永恆力量》，該書採用的研究以「梅薩卡情緒智力測驗」測驗為基礎，倡導情緒智力（亦稱 EQ）的重要性。《EQ》針對管理領域常見的討論，提出質疑：會議室裡最聰明的人，已不是會議室裡最聰明的人，再也不是了。情緒十分重要，也許是更重要的。

擁有同理心，就能發揮創意思考。想想看，創意思考在業務方面有多麼重要，在問題的解決、競爭策略、溝通、創新上，都大有助益。英國有一項研究曾經評估同理心是否會提高創造力，研究員把設計作業發給兩組學童，一組學童要憑藉自己平日的設計技巧進行設計，另一組學童要在創作設計時考慮到他人。根據標準的「陶倫斯創意思考測驗」（Torrance Test of Creative Thinking），考慮到他

人的那組學童，創意提高了 78%。

在設計思考（Design Thinking）的方法上，也可以看到同理心的應用。設計思考是現在很常見的一套方法，可以引導產品、顧客體驗和科技使用者介面的開發。設計思考的其中一個核心原則，就是設計者必須懷著同理心看待使用者，並且以人為主。為了證明這種「以人為主」的設計法之價值所在，美國設計管理協會（Design Management Institute）挑選了十六家公司，並發布「設計價值指數」（Design Value Index, DVI）。這十六家公司符合嚴格的設計準則，也就是將「以使用者為本」和「同理心」視為兩大核心原則。2005 年到 2015 年，符合設計價值指數的十六家公司，報酬率高達 211%，超過標準普爾五百指數（S&P 500）。

總之，在同理心的作用下，員工敬業度、留任率、創新力、創造力，甚至是股市表現，全都有所提升。

不過，根據 2021 年企業管理顧問公司 Businessolver 的《職場同理心狀態》（*State of Workplace Empathy*）報告，有 68% 的執行長表示，基於某種原因，他們很難發揮同理心；他們認為，要是自己發揮同理心，就不再那麼受到

尊重。「對，同理心很重要。不，我們不知道該怎麼發揮同理心，我們甚至覺得同理心有損我們的地位。」呃。

蘿拉‧舒瓦茲（Laura Schwarz）是高階主管教練、i2 Leadership 公司創辦人暨執行長，她表示，高階主管在同理心方面有很大的盲點，很多高階主管自稱有同理心，實際上卻非如此。一看到管理不佳的例子，他們就會立刻說：「我才不會那樣做。」不過，他們經常那樣做了。他們之所以無法認清自己本身的缺陷，是因為他們都帶著這些盲點在採取行動。蘿拉表示，所謂的盲點，就是我們的行動和意圖之間不一致的地方。

大部分的領導者懷有最好的意圖，也想成為同理型領導者，但領導者的行動要是沒有反映出內心的意圖，就無法產生他們想要的影響力。不適感（即爭執、磨擦）有助於同理心的出現，但領導者都缺少不適感，因為組織裡的每個人都會配合領導者的需求。也就是說，員工覺得自己無法表達內心真實的憂慮和恐懼。由此可見，雖然領導者周圍有很多員工對某件事可能有一定程度的不適感，而且這件事也需要發揮同理心來處理，但是，領導者感受不到此不適感及對同理心的需求。

身為領導者的你，必須把很多事情委派出去，但同理心無法委派出去。同理心必須成為你的第一要務，而且只能源自於你本人。原因如下：根據 2020 年 Catalyst 公司的研究報告，資深領導者只要發揮同理心，他們對業務績效造成的影響力甚至超過直屬主管。如果你是「長」字輩的高階主管，請注意！根據 Catalyst 公司對九百位美國員工所做的調查問卷，在資深領導者發揮同理心的情況下，61%的員工表示他們經常或總是在工作上發揮創新精神，而 76%的員工表示他們很敬業。如果是直屬主管發揮同理心，那麼數值就分別是 47%的員工和 67%的員工。

　　幸好，遠距型和混合型工作能夠幫助你發揮同理心。身為領導者的你，可能會從遠距員工身上得知某些事，而這些事是當你們都待在辦公室裡，你永遠無法得知的。我知道這種說法聽起來很矛盾，但是，我們在從事遠距工作時，通常都是獨自待在自己的私人空間，被居家物品圍繞。更多的個人自我，包括好的一面和壞的一面，都有機會展現出來。碧翠絲・馬汀－魯加羅（Beatriz Martín-Luquero）是美國默克公司（Merck & Co.）拉丁美洲人力資源主管，她很清楚這一點。她反思疫情期間的遠距工作

情況，表示她開始體會到共事的對象是人，而不是員工。她想起在視訊會議時進入對方的住家、見到對方的家人、看見對方背後的植物和裝潢的感覺。她說：「我現在認識他們了。」在她看來，遠距工作讓她對別人的認識深刻許多，也更容易發揮同理心。

我認為，同理心源自於領導者深厚的自我感。911 事件發生後，肯・錢諾特站在渡輪碼頭迎接員工，這件事對美國運通公司的員工敬業度產生了最強大的影響。然而，他會這麼做，肯定不是為了提高員工敬業度。在同理心的層次上，他跟工作團隊建立緊密的關係，而在工作團隊的通勤路上給予陪伴，就只是身而為人會去做的事情。

男人也可以發揮同理心

2022 年，美國職業籃球聯賽球星、商人、作家卡梅羅・安東尼（Carmelo Anthony）在他開設的播客節目《你的杯子裡有什麼？》（*What's in Your Glass?*），訪問了肯・錢諾特。在對談期間，錢諾特反思了自己在漫長的傳奇職涯中採用的領導風格。不出所料，錢諾特討論的第一件事就是同理心，他解釋說：「你一定要關懷別人，也要有決

斷力。別人會說：『你會關懷別人，表示你心腸軟。』不過，終歸到底，身為領導者的你，會想要抓住別人的心和腦。所以，沒錯，我確實想發揮同理心。」

在 Businessolver 公司所做的執行長問卷調查中，受訪者絕大多數都是年長的男性，因為全球各地獲任命為執行長的人們當中，95%是男性，而在執行長階層，男性的人數是女性的十七倍。所以，為什麼領導者那麼難有同理心？為什麼資深的男性領導者特別難有同理心？其中一個原因是男性和女性都被制約了，兩性展現的情緒程度不同。其實，在男性與同理型領導力方面，有個古怪的背景故事。

1928 年，心理學家威廉·莫爾頓·馬斯頓（William Moulton Marston）出版的《常人之情緒》（*The Emotions of Normal People*），是同理型領導力的一項初期研究。而該書出版將近七十年後，我們才開始正式有系統地整理「情緒智力」，認為「情緒智力」這項人類特性跟智商（IQ）同樣重要，或者正如作家丹尼爾·高曼在 1995 年的主張，情緒智力甚至比智商更加重要。馬斯頓在《常人之情緒》一書中，對人類情緒進行詳盡的研究，而這些研究奠

定了知名的 DISC 人格特質量表的基礎（DISC 分為四種：掌控型〔Dominance〕、影響型〔Influence〕、穩定型〔Steadiness〕、服從型〔Compliance〕，應該有很多人都接受過這項測驗。（我是「影響者」，偏好「掌控」，那你呢？）

《常人之情緒》的結語讓我訝異不已，馬斯頓說明何謂「愛的領導力」，而其具備的四項特性更是合乎「同理型領導力」的所有特徵：

1. 有能力去感受及展現自己對別人的愛／情緒。
2. 物質上自給自足，不必順從那些能夠獲得財富的人。
3. 有智慧和洞察力，可以理解別人的各種情緒。
4. 有能力啟發別人去感受及關注他們的情緒。

1928 年，馬斯頓做出結論，表示沒有任何活生生的人具備全部四項特性。女性只具備第一項特性，缺少另外三項特性，所以無法成為「愛的領導者」；男性缺乏「月經」這個生物上的基本觸發要素，所以永遠無法具備第一

項特性。馬斯頓認為，「有能力去感受及展現自己對別人的愛／情緒」是性別限定的生物學案例。

此外，馬斯頓還表示，男性的行動主要是基於「欲望」，不是基於「愛」，而且「欲望」和「愛」無法共存。欲望是跟渴望和滿足感有關，尤其是財富、房地產、地位的獲取。那種一輩子行事都基於欲望，並且已經建立權力的男人，要是行事開始基於愛，就會出現「欲望挫敗」。於是，男性陷入以下的困境：要麼滿足欲望，要麼愛，兩者不可兼得；要麼掌控，要麼聯繫關係，兩者不可兼得。

如果你覺得這種說法不夠古怪，其實，馬斯頓除了編寫 DISC 人格特質量表，還發明了測謊機（深受其妻子對血壓的觀察結果所影響），並且創造了漫畫人物「神力女超人」（這也深受其妻子的影響）。

所以，下次你觀看《神力女超人》時，請想想創造她的馬斯頓，以及馬斯頓提出的觀點：男性有生物上的缺陷，永遠無法帶著愛去領導別人。

前人依據性別來詮釋同理型領導力，真的很奇怪，但現在也沒有太大的進步，《職場同理心狀態》這份報告就是明證，男性依舊陷入困境。不過，各位男性，我在此希

望你們明白，我相信你們本身就具有這項特質。我對此深信不疑，因為這是我親眼所見，就在維吉尼亞州的某間教堂外頭。

1992 年 5 月 23 日，家父葬於內戰期間所興建的，外牆為雨淋板的維吉尼亞州教堂的墓園，距離「聯邦」（Union）和「邦聯」（Confederate）的士兵墓地不遠。家父於四十六歲就英年早逝，出席葬禮的有我們一家人、多位友人，還有在小眾又競爭激烈的私人飛機銷售領域中，跟他正面交鋒的業務員，那些業務員幾乎都是中年男性。

當家父的棺材被放到地下之際，每個人都跟我們站在一起，圍繞著他的墓地。母親、弟弟和我，分別把一團冷涼的維吉尼亞州紅土拋到棺材上面，我拋完手裡的紅土，轉身後，一群穿著深色西裝的中年男性紛紛圍了上來，逐一向我表達哀悼之意。某位男性擁抱了我，而他抱住我的時候，我感覺到他的身體在顫抖，他在哭。下一位男性擁抱我，他的身體也在顫抖，下一位、再下一位都是如此。

我只在電影裡看過成年男子哭泣。我以前從沒看過父親哭泣，現在我被數十位男性圍繞著，他們全都無法克制內心的哀傷。我很清楚，他們之所以哭泣，有一部分是因

為同齡男性突然死去，他們親眼目睹他的屍體被放到地下所致。在他們的眼裡，家父的驟逝肯定有如一記警鐘，近得令人不適。然而，你不會基於這樣的原因，就在陌生人面前公然哭泣；你會回家，喝杯烈酒，試著更留意醫師給予的健康建議。他們之所以哭泣，是因為家父跟他們每個人之間的關係極為重要。他們之所以在我的面前，在家父的墓地旁，展現內心的脆弱，是因為家父曾經在他們的面前展現內心的脆弱，而如今這段相互共鳴的關係就此消亡，令他們難以承受。

那一天，我未曾忘懷；而那些男性為了共事過的一位男性而落下眼淚的那幅畫面，我也未曾忘記。這件事影響了我，而我也深信，那一刻的故事足足等了三十年的時間，才終於化為書中的文字。那個故事向我證明，商界的男性在彼此面前會展現內心的脆弱。儘管男性在感受情緒及展現情緒上的經驗都受到制約，但是情緒終究會設法浮上檯面。

男性不該等到有人驟逝，才覺得可以自在展現內心的真實感覺；男性一直以來都具有這樣的特質。這個世界讓我們同時面對諸多的存亡關頭，比如衰退的健康、戰爭、

行星的崩塌等，既然如此，要展現真實的同理心，現在正是絕佳的時機。

根據布芮尼・布朗（Brené Brown）具開創性的 TED 演講，以及 2019 年網飛（Netflix）的紀錄片《布芮尼・布朗：召喚勇氣》（*Call to Courage*）的教導，要展現脆弱，就必須放棄掌控感和「結果的預測性」。兩個人之間，若有一方堅持要掌控，就無法建立真誠深刻的關係。

傳統商業理論奠基於股東價值的最大化，掌控感和可預測性是必備的要件，所以大家很容易就會理解為何在職場上很難展現脆弱並聯繫關係。要是少了掌控感和可預測性，我們就不會把自己的錢投資在公司的股票上。

不過，遠距工作需要聯繫關係，需要領導者有意增進關係，而且要井然有序地進行，就像在落實商業策略或追蹤投資報酬率（ROI）、稅前息前折舊攤銷前的獲利（EBITDA）或年度經常性收入（ARR）那樣。有了同理心，才能聯繫關係，而同理心是源於自在地展現內心深處的脆弱。

既然談到布芮尼，此時或許最適合我表達歉意。布芮尼在《召喚勇氣》（*Dare to Lead*）這本精采著作當中，講

述某位學員請她繪製同理心決策樹。她說，因為每個人、每種情況各不相同，所以同理心決策樹沒有作用。要展現真誠的同理心，唯一的方法就是聯繫關係並關心他人。

　　布芮尼，抱歉，本書第二部分的內容，基本上就是圓輪型的決策樹 —— 遠距領導力圓輪（Remote Leadership Wheel™）。若要把同理心化為關懷的行動，決策樹（在此例中是決策圓輪）是最好的方法。決策圓輪包含五種遠距工作情緒、五種對比情緒、五種領導行為藍圖。在同理心的幫助下，你會跟遠距員工聯繫關係，並理解員工的感受。接著，這份藍圖是你的關懷行動計畫，可用以幫助你開始聯繫關係並展開對話。情緒很難處理，在工作環境中尤其困難，但情緒有其必要，甚至有用。無論我們有沒有認知到情緒的存在，情緒還是會存在，而且只要認知到情緒的存在，交流程度就會提高許多。

想像自己是一瓶番茄醬

　　好的，同理心相關的資訊量很大，有待理解消化。你可能會想：「在職場上，我不可以展現脆弱、情緒、愛，你瘋了嗎？」我來幫助你改變想法。先來談談番茄醬。

亨氏公司（Heinz）在重新設計番茄醬的瓶子時，採用的是設計思考，也就是前文提及的產品開發技巧。同理心是關鍵的工具，可以協助亨氏公司改善包裝設計。顧客碰到了問題，表示番茄醬很難倒出來，太難倒了，家長都不讓小孩自己倒番茄醬；它明明是簡單的調味料，卻需要家長插手才能使用。

　　亨氏公司觀察顧客使用番茄醬的情況，設身處地的為顧客著想，發揮同理心，才能理解這種情況。亨氏公司觀察各種情況，比如搖晃瓶子、用手掌猛敲瓶底、用刀子挖出幾滴番茄醬。然後，亨氏公司體悟到一點，造成顧客麻煩的是地心引力，而有個簡單的方法可以解決，亨氏公司決定修改瓶身設計，讓瓶子上下顛倒，這樣一來，番茄醬都會積在瓶口，容易擠出。

　　假如身為領導者的我們假裝自己（也就是遠距領導力）是一件產品，好比一瓶番茄醬，而員工是使用產品的顧客，那麼會有什麼結果呢？我們會跟亨氏公司一樣，發揮同理心來了解員工使用產品的體驗，而我們會找到方法來改善體驗。我們會仔細觀察員工的感覺、挫折感、變通辦法，最後還會觀察員工在職場上的渴望。此外，我們會

籌畫自己的領導力，好讓員工獲得最佳體驗。

IDEO 設計顧問公司的設計總監珍·弗騰·蘇里（Jane Fulton Suri）表示，「無意識的舉動」十分重要，可以藉此找出機會來改善設計，而要做到這一點，唯有透過觀察才能做到。無意識的舉動，是我們在未經思考下做出的細微調整，以求適應不完美的環境。她舉出兩個「無意識的舉動」的例子：一，在鑰匙上面，分別貼上彩色貼紙，用來區分相似的鑰匙；二，墨鏡不太能放進口袋，就改掛在衣服的胸口開襟處。

就算遠距工作有很多好處，卻也像是把員工放到不完美的環境裡。為了應對那種環境，為了應對你，員工會做出細微的調整，而你對此的觀察力有多強呢？員工出現哪些「無意識的舉動」？你有多想要剔除那些變通辦法？我曾經是某位女性的下屬，她什麼東西都會弄丟，每次拿一份文件給她，我都會做一份複本，放進標有她姓名的檔案櫃，因為我很清楚，一、兩天後，她就會過來跟我要一份。我採取這個無意識的舉動，就能應對她那不完美的領導力。（而我們全都不完美！）

要落實這一點，就需要運用一種全新的領導力，我們

可以把這種領導力想成是「創意同理型領導力」。創意同理心的重點，就是設計出以人為本的產品。不過，假如我們據此向外擴展，把領導力想成是產品呢？如果創意同理心就是有能力了解別人體驗這世界的方式，並且在設計產品時考慮到別人的感覺，那麼我們在設計領導力時也可以如法炮製。只要在設計過程的各個階段都發揮同理心，那麼設計師創造的產品和體驗，就能真正引起人們的共鳴；而這樣的設計過程也很適合用在領導力上。

假設員工是你的顧客，而我們要設計領導力產品，那麼這項產品不僅要能完整觀察使用者、同理使用者，還要了解員工如何體驗這世界，以及你需要對員工傳達出什麼樣的價值觀，藉此表達關懷並溝通交流。第一部分會幫助你發揮同理心，讓你懂得運用觀察力；第二部分會幫助你依照領導行為藍圖，來設計領導力「產品」。

你管理的人，就是你的工作

有人問我，我在工作上最記得的事情是什麼，我只記得一件事——人。

回首將近三十年的職涯，我只記得人。我記得自己的

第一位下屬，她自稱的綽號是「快樂」（Happy）。我建議她使用真名「海瑟薇」，認為這個名字聽起來更專業，當時我還以為自己是在幫她一個忙。但她不理會我的建議，真是做得對，她現在是獲獎的織物設計師，工作領域遍及美國幾家大型雜誌，而品牌名稱正是她那十分切合又很有意義的綽號。

我想起一些離職的下屬，我花了好幾個月甚至好幾年的時間，不斷思考自己身為領導者到底是什麼地方失敗了，才會讓對方想要辭職。當然，這不一定是領導者的緣故，但有時絕對是領導者的關係。

我記得那些無法擺脫我的人，也記得我無法擺脫的那些人。我記得自己成為職場媽媽時一起共事的那些主管，記得那些主管是怎麼一直督促我盡力做到最好。懷孕前期，我不小心趴在辦公桌上睡著了，有一位主管幫我掩護，然後帶了一杯咖啡給我。我休產假時，有一位主管幫我升職。

記得某天早上，我聽到某項壞消息，當時在倫敦共事的某位友人就來到倫敦橋地鐵站外頭見我。我打電話到友人位於「碎片大廈」（The Shard）十三樓的辦公室，流著

淚，抬頭望向玻璃窗，請他出來跟我見面。他帶我去喝咖啡，跟我聊著他熱愛的籃球，好讓我分心並冷靜下來。籃球迷都曉得「球是生命」這句話，而針對領導力來說，我的推論就是「人就是工作」。

我只會記得人。

網飛公司推出的影集《王冠》（*The Crown*）的第一集，有一幕畫面描繪出關懷、責任、工作，十分深刻且感人。喬治六世狩獵出行，安坐休息，並跟年輕的菲利普王子聊到王子與伊莉莎白公主（日後的英國女王）的婚事。在那霧氣瀰漫的寒冷早晨，喬治六世心事重重，望著女婿，直截了當地陳述，王子身為公主的配偶，他的職位就只有一項目標，不是頭銜，不是領地，而是她。喬治六世說：「她就是你的工作，她就是你職責的本體。」他必須愛她、保護她，這就是最偉大的愛國舉動。

身為領導者，你的人就是你的工作。你要去愛下屬、保護下屬，對，沒錯，要去愛！已故管理學家西格爾・巴薩德（Sigal Barsade）曾在耶魯大學管理學院教過我，後來任教於華頓商學院。在他與喬治梅森大學管理學助理教授奧莉薇亞・曼蒂・歐尼爾（Olivia 'Mandy' O'Neill）一起進

行的研究中，確立了「友伴愛」在職場上的重要性。友伴愛是我們最常體驗到的愛，這兩位學者制定了一套方法來衡量職場上的友伴愛，調查人數超過三千人，涵蓋了製藥、工程技術等七種產業。根據兩人的研究結果，若職場上展現出友伴愛（涵蓋了情緒、關心、關懷、溫柔），那麼組織裡的員工在工作上的滿意度會更高，對組織的貢獻度更高，更能承擔個人的責任。

　　遠距員工一定會感受到你真誠的關心，一定會感受到你的友伴愛。而要展現真誠，就必須先了解員工需要哪種關心，然後學會傳達關心的技巧。員工在遠距工作上的需求各有不同，由於你不會每天都在辦公室裡碰到員工，所以更要有所認識並學習技巧。只要採用這種工作方式，就一定要用心收集資訊，以便增進實質的關係。西格爾・巴薩德很喜歡說：「情緒是資料。」而本書也會把情緒當成資料。不要讓情緒把你嚇跑，也不要上了當，以為我們處於「軟技能」（Soft Skill）的領域。要做到真正了解別人的感受並且關心別人，最是困難。

　　無論是面對面的工作還是遠距工作，同理型領導力十分重要，但你和下屬分隔兩地工作的話，就會特別難發揮

同理心，其背後有兩個原因：第一，兩個人很少面對面，就比較難傳達同理心，因為你沒辦法觀察對方，獲知的資訊會比較少；第二，伴隨遠距工作的一些情緒模式，是跟別人分隔兩地工作時才會產生的。本書會探討這兩大挑戰，還有你身為領導者能夠（也應該）做的事情。

Part 1

遠距工作的
五種情緒陷阱

診斷工具

使用遠距工作情緒與心態問卷，辨識遠距工作的五種情緒陷阱

雖然員工可能會喜愛遠距工作的彈性和獨立，但在某種程度上，員工時常要面對一些更難應對的情緒。優秀的領導者會理解這些情緒，並且總是密切留意這些情緒。現在來看看你會不會用這個診斷工具。

「遠距工作情緒與心態問卷」（Remote work Emotions and Mindset Questionnaire™, EMQ）有好幾種使用方法：

- 此問卷的設計是雙方都要使用，其中一個問題集是遠距員工版本，另一個問題集是遠距領導者版本。理想上，你會跟某位直屬部下分別作答，然後再比對雙方的答案，看看你對遠距員工情緒經驗和心態所抱持的觀念，是否符合員工實際的感受。
- 你也可以看哪一種版本（遠距員工或遠距領導者）的診斷工具最適合自己，只使用其中一種版本。有時你會兩種版本都使用！員工版本會幫助你更認識自己；領導者版本會幫助你對於員工進行更深入的思考。

遠距工作情緒與心態問卷・遠距員工版本

請為每句話打分數。

0＝從來沒有。1＝很少。2＝有時。3＝經常。4＝一直如此。

1. ＿＿同事會依據我的需求，盡量支援我。
2. ＿＿我會跟主管進行一對一談話，每個月至少對談一次。
3. ＿＿我一天大部分的時間都待在家裡，覺得心滿意足。
4. ＿＿對於公司裡其他員工做的事情，我覺得有共鳴。
5. ＿＿在我做的工作上，我得到夠多的回饋反應。
6. ＿＿如果職場上有人在晚上寄電子郵件給我，我會等到隔天再回覆。
7. ＿＿我在公司做的工作，被看成是重要的工作。
8. ＿＿我在家工作的時候，會騰出時間親自去見朋友或出門。

9. ＿＿別人認為我在家中做的工作是真正的工作。

10. ＿＿有人的職位變動或離開公司時，我都知情。

11. ＿＿我在家工作時，覺得很有動力。

12. ＿＿主管關心我的幸福感。

13. ＿＿我可以短暫離線，不用解釋原因。

14. ＿＿我在職場上有「好友」，可以向對方訴說個人碰到的挑戰。

15. ＿＿只要是跟我的工作有關的會議，我都會受邀參加。

遠距工作情緒與心態問卷‧遠距員工的領導者版本

請為每句話打分數。

0＝從來沒有。1＝很少。2＝有時。3＝經常。4＝一直如此。

1. ＿＿＿我會依據團隊需求，盡量支援團隊。
2. ＿＿＿我每個月都會跟直屬部下進行一對一談話。
3. ＿＿＿對於在家工作的安排，我的團隊很滿意。
4. ＿＿＿對於公司裡其他員工做的事情，我的團隊覺得有共鳴。
5. ＿＿＿對於團隊做的工作，我會提出充分的回饋反應。
6. ＿＿＿我的團隊成員下班後，不用回覆工作上的電子郵件。
7. ＿＿＿我的團隊成員都很清楚，他們在公司做的工作被看成是重要的工作。
8. ＿＿＿我的團隊成員在家工作時，我鼓勵他們騰出時間離線休息。

9. ＿＿＿我覺得遠距員工是從事真正的工作。

10. ＿＿＿有人的職位變動或離開公司，我的團隊成員都知情。

11. ＿＿＿我的團隊成員在家工作時都能夠動力十足。

12. ＿＿＿我關心團隊裡每個人的幸福感。

13. ＿＿＿團隊成員都知道自己可以短暫離線，不用解釋原因。

14. ＿＿＿團隊成員都有「職場好友」，可以向對方訴說他們個人碰到的挑戰。

15. ＿＿＿只要是跟團隊成員的工作有關的會議，每位成員都會受邀參加。

遠距工作情緒與心態問卷·計分表

　　這張計分表把受訪者的回答，劃分成遠距工作的五種情緒陷阱：無聊、憂鬱、內疚、偏執、寂寞。各種情緒的詳細說明，請見第二章至第六章。情緒顯現出來的程度，要看分數的高低而定。請參閱下方的分數說明。

無聊	憂鬱	內疚	偏執	寂寞
第 3 句 _____	第 2 句 _____	第 6 句 _____	第 5 句 _____	第 1 句 _____
第 7 句 _____	第 12 句 _____	第 9 句 _____	第 10 句 _____	第 4 句 _____
第 11 句 _____	第 14 句 _____	第 13 句 _____	第 15 句 _____	第 8 句 _____
總分 _____	總分 _____	總分 _____	總分 _____	總分 _____
用 12 分減去總分，就是你的分數。	用 12 分減去總分，就是你的分數。	用 12 分減去總分，就是你的分數。	用 12 分減去總分，就是你的分數。	用 12 分減去總分，就是你的分數。

　　·**9 分至 12 分**：表示出現該種情緒，領導者應多加留意。請參閱第二部分的領導行為藍圖，破冰問句和同理心策略都已經整理為遠距領導力圓輪。你可

以使用這個圓輪，把注意力集中在情緒領域，這是身為領導者的你最需要關注的領域，還要採取行動來增進關係以支援員工。

- **5 分至 8 分**：表示出現該種情緒，需要去了解詳情。請參閱第一部分，以便更了解各種情緒。
- **4 分以下**：表示僅略微出現該種情緒，或根本沒有出現，可能不成問題。

在此要注意！在任何一種情緒上，**領導者和員工雙方答案之間差距**達三分以上，就表示領導者的觀念跟員工的實際情況不一致。得知這項資訊，有很大的價值，因此我才會建議大家，雙方都要使用這個工具。請針對分數的差距，開誠布公地彼此討論，並且利用第二部分，找出領導者可以採取哪些支援行動，讓事情更順利，感覺更良好。

Chapter 2

無聊：單調乏味的家庭辦公室造成「悶爆」狀態

| 案例故事 |

拉爾斯是德國某軟體工程師團隊的主管，在新冠肺炎疫情前，只有偶爾在家工作，但如今在家工作已成為平日的常態，不是偶一為之的例外。他公司沒有嚴格規定員工要進辦公室，所以他和團隊會自行決定。問題是……拉爾斯想進辦公室，但團隊不想進辦公室，這就表示拉爾斯在家工作的時間超過他期望的時間。他從沒布置合宜的家庭辦公室，因為他以為在家工作只是暫時的情況。有些日子，他一整天待在餐桌前面，甚至忘了起身動一動。

週末到來，拉爾斯渴望新的環境。他需要走出家門才行。週末的時候，他和妻子、兩個孩子會盡量出門活動，但接著，星期天晚上到來，一家人全都筋疲力盡，沒有時

間好好休息。以前用來休息放鬆的地方，現在卻成了下班後不想待著的地方。星期一到來，拉爾斯看到自己的住家就害怕，他很希望不要再日復一日看到同樣的東西。

「無聊」背後的事實

就算是在疫情之前，職場的無聊也是個問題。根據線上教學平臺 Udemy 在 2016 年所做的研究，超過 51% 的員工在半數以上的工作時間覺得無聊。千禧世代員工覺得無聊的機率，是嬰兒潮高階主管的兩倍。當問及員工為何離開公司，員工表示，有 79% 是因為「無聊」。

2021 年，線上軟體評價平臺 Capterra 對一千位英國員工進行職場生產力問卷調查，結果發現，五分之一的受訪者對雇主的喜歡程度比疫情前還要低。喜歡度下降，最主要的原因是無聊：42% 的受訪者表示，跟疫情前相比，工作變得單調、無聊或重複性高。「無聊」這個痛點甚至大過於「不滿」，僅有 36% 的受訪者不滿雇主對疫情的應對。25% 的受訪者表示，他們的工作失去意義。

2007 年，瑞士企業顧問彼得‧韋德（Peter Werder）和菲利浦‧羅辛（Philippe Rothin），提出了「悶爆」

（boureout）一詞。悶爆是用來描述你覺得工作失去所有意義，你的身體在上班，但心或腦沒在上班。他人的回饋反應，還有我們與同事之間的關係，都十分重要，會影響到我們的意義感，因此，我們很容易就會明白，「悶爆」的狀況是怎麼快速發生在遠距員工的身上。當每個人都被框限在 Zoom 的螢幕畫面裡，意義的變化表就更難解讀。

意義本身正面臨危機：Reddit 網站的虛無主義小眾論壇 r/nihilism 版，從 2019 年的三萬一千名成員，成長到我寫作之際的將近十三萬名。以下的討論主題變得很熱門：「如果你做的事情毫無意義，也無法改變世界，那何必要做呢？」

「無聊」是怎麼產生的？

根據產業心理學家所述，職場上的無聊是一種短暫的情緒狀態，通常起因於以下三件事情：工作任務本身、工作環境、員工和工作任務的交互影響。

就遠距工作而言，把起因分成任務相關和環境相關，會大有幫助。許多遠距員工會說，他們喜愛工作，但還是無聊得要命。任務所導致的無聊，是因為任務重複性高、

缺乏意義，或者員工覺得任務太困難或太簡單。而員工沒有足夠的事情可以做，或是工作量無法預測，也有可能會讓人覺得無聊。無論你是否從事遠距工作，都有可能覺得工作很無聊；但若從事遠距工作，就更難衡量員工是否沒被充分利用。

對遠距員工來說，無聊會成為問題，其實跟工作環境有關。一旦住家成為居住兼工作的場所，就會變得單調乏味，特別容易無聊。在家裡工作，就沒辦法逃離工作。人待在家裡的時間久了，對工作的興趣就會減弱，這不是因為不喜歡自己的工作，而是因為無法忍受長時間待在相同的四面牆之內。

我對拉爾斯的故事很有共鳴。疫情期間，在家工作所引發的無聊感十分嚴重，因為大家都不能出門去別的地方，只能待在家裡，有時一次就要待好幾個月。2020年，聖誕節和新年假期到來，公司沒有舉辦派對，團隊沒有出去聚餐，甚至家族也沒有出遊。更多的日子要待在家中，日復一日。

我永遠忘不了，後來我對住家變得何等熟悉，感覺待在家中就彷彿是在坐牢。我所在的城市，是美國境內人口

極為密集的城市，而 2020 年春季，情況最糟糕的幾個月，市長發布二十四小時的宵禁令，只有購買食物或藥品，或者遛狗，才能走出家門。

我亟需把腦袋探出壕溝，於是在復活節後的星期一，我開車載著小孩前往曼哈頓，只是想看看那裡的情況。我們花了大約十五分鐘，從南往北穿越曼哈頓，然後再回頭從北開到南；若是在平常的交通流量下，車程通常需要一個多小時。然而，人行道上，一個人都沒有；街道上，一輛車都沒有。竟然沒有警察阻攔我，問我為什麼出門，全世界的人都待在家裡。

柯琳·克里諾擔任遠距職位已經有五年之久，但出差有助於她忍受遠距工作。疫情爆發後，出差次數大幅減少，而她認為，一直待在桌子前工作，變成很無聊的事。她表示，散步已經成為她用來應付無聊的一種解毒劑：「現在我中午會去散步，以前待在辦公室的時候，我中午從來不會去散步。」

行銷軟體公司 Knotch 的總經理安德魯·波頓（Andrew Bolton）承認，遠距工作一陣子以後，就一定會覺得住家有點乏味；而這是活動範圍有限所致。安德魯

說：「你會變得接受自己活動的區域，就像金魚那樣。」為了大幅提升遠距工作的價值，安德魯依照行程表，擬定在家工作的例行事務，比如早上散步、定時吃午餐、為小孩做晚餐。這樣做了一段時間後，效果非常好。

辦公室以外的工作環境會有另一個問題：衝動和干擾會導致我們分心。當我們分心或受到干擾，就無法專心工作；當我們一而再、再而三無法專心工作，就會認為「無法專心是因為無聊」。我沒辦法順利完成這項任務，一定是因為它很無聊。無聊通常伴隨著不安、易怒、渴望逃避的感覺，這種工作狀態恰好是深度工作或心流的反面。

研究遠距工作數十年的史丹佛大學經濟學家尼可拉斯·布魯姆（Nicholas Bloom）表示，遠距工作有三大強敵：冰箱、電視、沙發。不過，住家環境或工作環境會不會讓我們更分心，其實要看個人的情況，還有個人的自我意識。有些人表示，家是他們工作不分心的唯一場所，但不是每個人都有同感。

克莉絲提娜·普提努（Cristiana Pruteanu）是企業經營顧問，同時自稱數位遊牧工作者，據點在羅馬尼亞。她跟世界各地的科技數位公司合作，自 2009 年起從事遠距

工作，還在線上平臺 Remote-how 開設培訓課程。她表示，在疫情爆發的十年前，遠距工作在羅馬尼亞就已經非常普遍，有很多人具備高超的技能，例如設計師、開發者、科技專業人士，這些職位都很適合遠距工作。以她個人來說，遠距工作讓她可以營造一邊旅遊、一邊工作的生活方式，進而改善生活品質。

克莉絲提娜表示，有時她在同一個工作空間待得太久，不安感就會襲來。她很清楚應對方式，畢竟她已經花費多年時間，把自己的遠距工作風格調整到完善的狀態。對她來說，做個數位遊牧工作者，不只是一種觀看世界的方式。她把旅遊當成是一種工具，用來對抗無聊，同時支持她的動力。她說：「我在 99% 的時間裡真的都是動力十足。每當我覺得動力開始下降，而且沒有明顯的原因，那就表示我該踏上新的旅程。我做這一行已經好幾年，很清楚自己每兩、三個月就需要規劃新的旅程。我很了解自己，已經知道這種情況什麼時候會發生。」

克莉絲提娜說，抵達陌生地方的第一個早晨，新奇的工作環境會帶來刺激感。她說：「我的創造力真的增加了。我之所以知道自己需要暫時不要在家裡工作，原因之

一就是我的創造力降低。」

　　單調乏味的實體空間，是每一位遠距員工都要應對的問題；那裡不在辦公大樓裡，就沒有好幾層樓和公共空間可以跟同事相處；不通勤，就看不到路途上的景色變換。當你在同一個地方工作、吃飯、睡覺，單調乏味的感覺就會變得強烈。

　　2017 年，我首次成為全遠距員工，一星期去一次曼哈頓的 WeWork 共享辦公室。然而，因為我是為跨國公司工作，加上團隊所在的時區比我快五個小時，所以我要提早上班，早上七點就要通話。後來，我暫時無法通勤前往 WeWork，接著就覺得沒必要去那裡了。所以，我試著長途跋涉前往別的工作空間幾個月之後，就放棄了；我應該是因為通勤，才覺得越來越無聊吧。

　　無聊會對獲利造成重大影響，因為當員工明顯不敬業，就會失去生產力。蓋洛普公司（Gallup）把員工不敬業的情況稱作是「價值 7.8 兆美元的全球問題」。員工不敬業會導致全球雇主支付高昂的代價，相當於全球國內生產毛額（GDP）的 11%。不過，無聊的狀況也會讓人付出代價。感到無聊的人更容易憂鬱、焦慮、憤怒、工作績

效不佳、孤立、寂寞。

領導者同理心檢驗：如何認出無聊

無聊這個問題之所以變得複雜，是因為我們很難承認自己現在覺得無聊。我們多半會擔心，如果我們覺得無聊，就表示自己一定是無趣的人。這往往意謂著遠距員工會默默忍受無聊，而無聊可能會引發更複雜的問題。

當你的員工覺得無聊，或無聊到可以稱為「悶爆」，可能會出現以下的行為：

- 要求你讓他們從事別的工作。
- 詢問你，他們做的事情為什麼重要。
- 允許範疇潛變（scope creep，亦即對每件事都說「好」），以便把新的內容帶到他們的工作。
- 要花更久的時間才能做出工作成果，而你一開始可能會以為這是懶惰造成的。

領導者的下一步

丹・凱柏（Dan Cable）是倫敦商學院組織行為學教

授、《活力工作》（*Alive at Work*）的作者，他發現大腦裡有一種思考系統，會讓人自然而然地設法跨越自己所知事物的界線。我們天生就想要學習，想要尋找新的資訊，想要探究新奇的活動。

隨著工業化的興起，我們有意地把工作裡的新奇和意義去除了，然而，新奇和意義這兩項要素，才會讓我們每天都想熱切投入工作。以前，幫顧客丈量雙腳尺寸、製作鞋子、完成交易，都是由同一個人來做；後來再也不是這樣，勞力分工，意義也隨之分散。

因工作而起的好奇心，會導致效率低下，所以我們有意地壓抑好奇心。對創立福特汽車公司的亨利・福特（Henry Ford）來說，「好奇心」是缺陷，必須從製造過程中去除。在現代的公司裡，我們要在限定的範圍內，井然有序地工作，要「做好自己的事」，好奇心和意義甚至不受鼓勵，以求勞力的安排合宜得當。

不過，該項研究指出，以無聊的狀況來說，「意義」可以說是至關重要。當我們的工作失去意義，表示我們對工作再也不感興趣。意義來自於了解員工的工作跟公司的策略有何關係，員工的工作是怎麼幫助顧客的內在或外在

情況獲得改善。賽門・西奈克（Simon Sinek）把它稱為工作的「為什麼」：為什麼你的員工會每天登入工作？為什麼員工的工作對公司的使命很重要？你的員工肩負什麼樣的使命？為什麼員工會有這樣的使命？請跟員工聊聊他們的使命，甚至可以請員工把他們的使命寫下來，把使命和意義納入你經營團隊的方式。

如果你認為無聊可能是員工眼中的一項因素，請參閱第七章〈領導行為藍圖一：確認狀況〉。這張藍圖會幫助你利用破冰問句，跟員工一起討論無聊，還會幫助你制定一些方法，在員工的工作上創造出更重大的意義。

Chapter 3

憂鬱：個人危機如何導致單獨工作變成特殊的挑戰

| 案例故事 |

大衛在中型科技公司擔任資深專案主管，該公司一直以來都是遠距工作友善職場。大衛建立的團隊是由另外六位專案主管組成，大衛身為遠距工作者的主管，對於自己能夠達成的成果，感到十分開心。

不過，在家的時候，情況就不一樣了。新冠肺炎疫情之前，大衛和妻子的關係就已經非常緊繃，後來更是每況愈下。上個月，妻子提出合法分居的要求，大衛表示同意，他從家裡搬出來，在附近租一間公寓，方便他和兩個就讀中學的女兒相處。但這個年紀的孩子不諒解分居的情況，都為了他搬出去的事而責怪他。他覺得自己不是個壞爸爸，但妻子卻不希望他跟女兒相處。他看得出來，她一

直跟女兒說他的壞話，而女兒好像也相信了。

大衛在公寓的四處擺放女兒的相片，其中一張相片放在他的書桌上，他在 Zoom 會議期間經常看著那張相片。他好想知道，婚姻破裂是不是意謂著父親的身分也會跟著破裂。在他的眼裡，沒有什麼事比當個好爸爸更重要，但他不知道該怎麼做。

他在網路上搜尋建議，了解離婚對小孩的影響，因為他真的不想跟朋友提這件事，因為他的很多朋友也是妻子的朋友。他不想跟職場上的人提這件事；就算有人可以訴說，他也不想透過視訊通話談這件事。他花了很多時間思考，回顧兩人共度的多年時光，想知道到底是哪裡出了問題。他和妻子怎麼會落到這麼糟糕的處境？根本沒有道理啊！這麼孤單的感覺，他未曾有過。

「憂鬱」背後的事實

在家工作和憂鬱症之間的關係沒有定論，主要是因為憂鬱症本身有很多不同的根本原因。此外，每個人對在家工作的體驗各不相同，接受程度也不一樣。2020 年，有人審查了十個國家的研究，結果發現，在家工作確實會對

心理健康造成極為不一致的影響，主要是受到雇主因素和個人因素的影響：「在家工作會造成負面影響還是正面影響，取決於各種系統性的調節變數，例如：住家環境的所需之物、組織的支援程度、職場外的社交關係等。」

有一點也許比較一致，那就是遠距工作會引發一些跟憂鬱有關的心理健康狀態，比如：寂寞、壓力、反芻思考（rumination）等。也許是對 Zoom 會議感到倦怠，也許是在同一個家庭辦公室環境待得太久，沒有改變例行事務或景色，也許是工作時間擠壓到私人生活等等，這些都會導致我們承受著看似永無止盡的工作壓力。過去幾年，媒體最常把人們在遠距工作下產生的憂鬱感，稱為「在家工作的藍色憂鬱」。

在我寫作之際，憂鬱症的人數仍然高漲，超過疫情前的程度。根據 2021 年英國國家統計局的「意見與生活方式問卷調查」（Opinion and Lifestyle Surve），2021 年夏季，每六名成年人當中就有一人（相當於 17%）患有憂鬱症，而疫情前是 10%。年輕人與女性患有憂鬱症的機率更高。不過，大部分是疫情導致憂鬱症增加，而不是遠距工作所致，但遠距工作去除了一些可以減輕憂鬱症狀的條

件，人與人的接觸就是其中之一。

憂鬱是怎麼產生的？

「在家工作的藍色憂鬱」會透過很多不同的方法浮上檯面。所謂的「反芻思考」，是指深刻地或周密地思考某件事，而對在家工作者來說，反芻思考是一種特別的危害，因為他們有太多時間孤單一個人，難以避免這種情況。要是私人生活過得不順遂，就真的很難不去深刻周密地思考人生，因為我們都努力要想出解決方案。

我們也會對工作反芻思考。會議的進行要是不如我們想像，我們往往會回頭檢討剛才說出口的話，很希望自己換種說法就好了。要是我們太快傳送電子郵件，引爆「全部回覆」的糾紛，就會對自己很嚴苛，想著原本可以用哪些方法處理，而不要寄送電子郵件。有時，事情其實沒有出錯，但如果我們傾向於最壞情境的思考模式，就會在腦中一而再、再而三思考某個事件，直到發現不對勁的地方才會停止思考。

當你的周遭有人的時候，就比較難反芻思考。要反芻思考，就需要一處安靜又不受干擾的空間，但辦公室的環

境很少如此。不過，在家中就比較有可能營造這樣的環境。如果沒有其他因素可以幫助我們打斷深度思考週期，那麼我們的心理必須極為強悍，才能避開反芻思考。在家裡，有時沒有什麼因素能讓我們中斷反芻思考，只有寵物是例外。

生活轉了個彎，反芻思考和壓力也隨之增加。新冠肺炎疫情讓我們全都感到脆弱，而身為領導者的我，往往覺得自己一腳踏進未知領的水域。就連撰寫這段文字之際，我也不敢相信人們竟然每天都要面對嚴重疾病的威脅。

我沒辦法跟員工進行一對一談話，無法問候員工的狀況，無法做好心理準備來傾聽員工的答覆，如此一來，格格不入的感覺就出現了。有些人的狀況真的很不好，有時他們會想要聊一聊，有時他們不想談。對於分享私人生活發生的事情，我們的自在程度並不一致。　　一

我不太喜歡聊自己的私人生活，尤其不想說壞事。我也不喜歡探聽別人的情況。對我來說，疫情有如速成班，讓我利用自己所能採取的手段，去增進關係的聯繫，但我一開始的著眼點是職場生活，而非私人生活。在疫情的頭幾個月裡，每個星期天的晚上，我都會為自己錄製為時三

分鐘的影片，然後在視訊會議軟體 Teams 上面發布。影片是往前回顧／往後瞻望我們所做的工作，也就是檢討上週有哪些情況是我們應該讚揚的，本週有哪些事情是我們預期要做的。無論是隧道後方的光，還是前方的光，我希望團隊都能看見。那是初期的時候，當時我們還以為疫情在幾個月內就會結束。

我很快就學會，必要時得將私人事務列為優先。當我談話的對象不確定他們的母親接下來幾天會住院或出院，我會確保我們有空間可以展開對話，無論要用什麼形式對話都可以。疫情造成了「聯繫關係的急迫感」（connection urgency）；也就是你不會等到房屋失火時，才站在房子前面的草坪上，討論灌木叢該怎麼修剪。

在疫情期間，我們學到了聯繫關係的急迫感；我認為，我們千萬不能丟失這個習慣。但願我們下半輩子處理的問題，可怕的程度會遠不如「染上可能致命的病毒」。不過，無論我們面臨什麼問題，聯繫的急迫感都會讓遠距型和混合型的員工感受到他人的存在感，而拜他人的存在感所賜，反芻思考和藍色憂鬱就沒那麼容易占主導地位。有時，我們真的需要某個人阻止我們反芻思考。

我想起遠距工作之前的時光，每天我都要去曼哈頓市區的辦公大樓上班，當時沒有人在呼籲聯繫的急迫感。我們全都在一棟辦公大樓裡工作，那裡是氣氛穩定的存在。我們可以把私人問題留在家中，留在通勤路途的另一端。辦公室的場合不適合處理私人問題。

　　我想起 2009 年 7 月的某個早晨，名叫阿布杜的計程車司機把我載到工作的辦公大樓一樓。我從聯合廣場上車，而他在途中停等紅路燈時，看了我的手相（這也是我喜愛紐約市的原因之一）。他把我的人生和我這個人講述給我聽，而我不得不承認，他就這樣建立了關係。他有幾件事講對了，光是看著我，他絕不可能會知道那些事。

　　我下計程車時，轉身道別，他指向辦公大樓，說出了我永遠忘不了的話：「你這個人不夠凶狠，沒辦法在這種地方工作。」

　　我認錯似地聳了聳肩，進入大樓，高速電梯迅速載我抵達二十八樓。為什麼他會覺得一個人必須要凶狠才能在那裡工作？這棟辦公大樓怎麼會散發出氣勢洶洶的感覺？雖然我沒有停下腳步問他怎麼會有那種想法，但是他說的話多少算是事實，還縈繞在我心頭好長一段時間。

唯有等到疫情爆發後，我才明白：「當我們在現實中處在一起的時候，不用聯繫關係。」我們對關係的維繫習以為常，因為我們在現實中就是待在同一個場所。雖然我很幸運，跟很多優秀的人才一起共事，但誠如阿布杜說的話，有些管理階層可能有點凶狠。關係的聯繫不僅不到緊急程度，還很有可能被全面冷落。要說服自己相信物理上的近距離會帶來情緒的聯繫，可以算是謬論，畢竟物理鄰近性通常不會帶來情緒的聯繫。

　　這就跟無聊這件事很像，我們不可能在工作場所講話到一半，就突然大聲說：「嗨，我很憂鬱。」憂鬱是沉重的字眼，讓人聯想到診所；憂鬱是艱難的字眼，讓人很難把自己的情況大聲說出來。我被診斷患有乳癌時，根本沒辦法大聲說出自己很憂鬱，但那就是我的感受。手術、放射線治療、癌症復發，都讓我感到害怕，每天反芻思考著這些事情，甚至還以未曾想過的角度去思考死亡。

　　我被診斷患有乳癌後的那幾個星期，對未知充滿恐懼，我沒有跟很多人訴說內心的感受；無論是職場上還是職場外的人，很少人知道我罹患癌症。療程開始時，只有主管知道我的狀況。工作非常忙碌，我還是照常上班，但

我的心遠在千里之外。就算如此，要是停止工作或往後退一步的話，我就會把乳癌這件事想得更嚴重，反而覺得更可怕。

2020 年，聖誕節兩天後，我開始接受放射線治療，此時對未知的恐懼被深層的憂鬱取而代之。當時，新冠肺炎的疫苗還沒有誕生，所以有長達一個月的時間，我每天都一個人去醫院，讓放射線照射我的胸部。每次看完診以後，只要天氣還算可以，我就會去中央公園散步，公園距離醫院只有幾個街區遠。一月時，中央公園裡沒有太多景物可以欣賞，就只有岩石，野生動物不是躲起來就是飛走了，林木光禿禿，花朵被吹走。公園的外觀好比我的感受，但我不知道該怎麼開口說出內心的感受。我的工作被侷限在電腦裡，每個人都離我數千公里遠。表面倒是很容易維持住。

經過一番深思，我體悟到自己需要自我辯護，需要經常待在網路上（因為我沒有親自出席），需要透過電子郵件和訊息來抓住績效的線索（因為我從沒親自見過任何人），而這些處境把我緊拴在房內工作，無論我的私人生活發生什麼情況，都難以想像自己會從前述任何一個處境

往後退一步。同理心原本可以幫助我接受當時的情況並覺得自己獲得支持，但我沒有允許同理心進入。只要關掉視訊鏡頭，我就能隱瞞情況。

領導者同理心檢驗：如何認出憂鬱

有時，要幫助正值憂鬱期的同事，一開始只要簡單讓對方知道，有需要的話，你都會在；如果你察覺到對方很辛苦，一開始只要簡單詢問：「你還好嗎？」鼓勵對方誠實說出來。如果有人跟我說，他已經預約掛號，過幾天要去看病，那我會在電子行事曆中設定提醒，這樣一來，我就能在那天早上傳送簡訊給對方，祝對方順利，讓對方知道我心裡有他／她。不過，我在得癌症之前，從來沒有做過那種事。我親身經歷後才學會以下這件事：只要領導者聆聽你，只要你知道領導者的心裡有你，並且會支持你度過辛苦的時刻，就算領導者實際上沒辦法做些什麼，還是能帶來莫大的轉變。

除了開誠布公的對話之外，還有一些跡象會顯示員工正在應對某件難事，值得你多加留意：

·開會時的貢獻程度比以前低。

·經常表達擔憂或疑慮。

·似乎不願合作。

·工作成果低於平日的水準，而且沒有準時完成。

領導者的下一步

身為主管的我們無法驅除憂鬱症、藍色憂鬱或反芻思考。有時，員工在職場外要應付一些困難的事情，需要專業人士、家人、朋友給予支持。不過，主管也有可以扮演的角色。

在直系親屬以外的生活中，主管有時是最始終的存在，而以我的例子來說，有時，主管知道的一些事情，就連我的家人都不知道。我被診斷患有乳癌後，首先跟主管說了，早於告訴我丈夫之前。我本來沒打算要先讓主管知道，第四章會解釋當時的情況。遠距工作是其中一項因素。

知道主管關心我們的情況，有助於提供我們所需的支持。當生活中的其他部分都不正常之際，是工作讓我們跟「正常生活」有所連結。當人生把變化球丟給我們，我們

甚至會經常擔心自己的工作有沒有保障（我知道自己就是這樣；我要是沒有工作，就沒有健保），而知道主管站在我們的身旁，並且同理我們的情況，那麼我們內心的一些擔憂就會消失不見。

　　如果你認為憂鬱可能是員工眼中的一項因素，請參閱第八章〈領導行為藍圖二：樂觀溝通〉。這張藍圖會幫助你利用破冰問句，討論哪些事物可能會觸發員工的憂鬱感。雖然我們都不是治療師，不可能解決員工正在度過的難關，但是我們能掌控的，就是讓「面對面工作」和「線上工作」成為值得花時間的喜悅之處。領導行為藍圖二會幫助你擬定一些方法，以便透過工作上的喜悅來聯繫關係。

Chapter 4

內疚：住家與辦公室的界線模糊不清，讓我們懲罰自己

| 案例故事 |

2005 年，我生了第一個孩子，當時我才剛展開職涯，在美國運通公司從事行銷工作。大約同一時間，美國運通公司採納在家工作的實驗，那是正職的工作，員工可以要求加入專案資源團隊（Project Resource Team, PRT）。雖然公司的目標主要是縮減辦公空間，但很多員工都能理解並喜愛工作的彈性。

就算這種工作明顯適合新手媽媽，但我還是沒有選擇加入專案資源團隊而在家工作。老實說，我不希望自己看起來像是在「媽咪跑道」（Mommy Track）上，我怕那樣會扼殺自己的事業。在家工作，同時帶孩子，我覺得實際上行不通，我認識的每個人也覺得行不通，沒有人可以兩

者兼顧。當時，美國家庭只有 25% 有寬頻網路。為了本書，我跟蘇珊·索博特聊到專案資源團隊，她證實了我的經驗：儘管在家工作的職位可以提供給好幾千名的員工，但最後只有十幾位員工申請，而且全部都是女性。

我很容易就察覺到辦公室員工和住家員工之間的緊繃關係，而這樣的關係持續了十多年。2017 年，美國運通公司的美國員工在職場評價社群網站 Glassdoor 留下的評論，呈現出辦公室員工和住家員工之間的緊繃關係：「一大堆人星期五『在家工作』，什麼事也沒完成。如果你寄電子郵件給某個人，對方會以『你幹嘛來煩我』的語氣回覆信件。」

說也奇怪，我第一次接觸到遠距工作，竟然深信遠距工作行不通，竟然深信遠距工作對我的事業不利。科技無疑讓我的第一個信念有所改變，而我的個人經驗也證明我的第二個信念是不對的。

「內疚」背後的事實

不意外的是，從事遠距工作會讓人長久懷著內疚感。所謂的內疚，是你實際在做的事情及別人認為你在做的事

情，這兩者之間形成的緊繃狀態。你覺得自己應該待在辦公室，擔心辦公室的員工會以為你沒做好份內工作，而心理學家將後者稱為「社會懈怠」（social loafing）。社會懈怠有個矛盾的地方，它是發生在我們在團體裡的時候，不是發生在我們獨自一人的時候。不過，大家都抱持以下觀念：遠距員工獨自在家庭辦公室工作，普遍都有懈怠的狀況。我以為自己當了新手媽媽就會懈怠，所以不願從事遠距工作。

前陣子，遠端桌面軟體公司 LogMeIn 以英國員工為對象進行問卷調查，46%的受訪者會感到內疚，是因為大家都抱持以下的觀念：在家工作的生產力低於在辦公室的生產力。而且，當時是疫情導致辦公室關閉，甚至讓人沒辦法待在辦公室工作，因此，內疚感持續存在。

根據《紐約郵報》（New York Post）的報導，有一份疫情問卷調查以兩千位美國員工為對象，結果發現，整整有三分之二的員工對於家中生產力的觀念感到擔憂，很擔心會因此失去工作，有三分之一的員工到了中午也不休息吃午餐。

主管的生產力觀念構成了負面的背景，讓情況更是雪

上加霜。澳洲轉型工作設計中心（Centre for Transformative Work Design）以一千兩百位主管為對象，進行疫情初期研究，結果發現，60%的主管認為遠距員工的生產力低於辦公室員工，或者不確定遠距員工是否具備高生產力。

　　無論是主管的觀念，還是員工的恐懼感，兩者都不符合現實。2011 年，史丹佛大學經濟學家尼可拉斯・布魯姆進行遠距工作實驗，中國攜程旅行社（Ctrip）的一群客服中心員工，被公司要求在家工作九個月，該項實驗是要探究在家工作會對業務造成什麼影響。攜程旅行社之所以嘗試這項實驗，是因為實驗奏效的話，房地產成本就會降低。布魯姆的研究結果顯示，那群在家工作的員工的生產力，比辦公室控制組高出了 13%。生產力之所以獲得改善，是因為休息時間和病假天數減少，工作時間從而增加，而且每分鐘的績效也有所提升。此外，在家工作的員工對工作更滿意，離職率降低 50%。有一點特別有意思，如果人們在實驗後選擇在家工作（相對於基於研究而被選為在家工作），這項選擇的作用會導致在家工作的益處增長一倍。在閱讀第九章〈領導行為藍圖三：增進信任〉，了解自主安排彈性的工作行程時，請謹記這一點。

布魯姆認為，遠距工作是由三幕組成的故事，分為疫情之前、疫情期間、疫情之後。疫情之前，遠距工作是異常現象，還受到汙名化，被說不是「真正的工作」。如果你在疫情之前從事遠距工作，肯定會記得，別人只要一說起「在家工作」的字眼，都會做出引號手勢來挖苦一番。人們帶著筆記型電腦躺在吊床或沙灘墊上的相片，就是遠距工作的主要象徵。還有一些領導者緊抓著陳舊的汙名不放，例如：伊隆・馬斯克在推特（今稱 X）上聲明，哪個特斯拉公司（Tesla）的員工想要遠距工作，就應該「假裝自己是在別的地方工作」。

　　疫情期間，遠距工作不是出自選擇，而是處境艱困使然，不得不遠距工作。在疫情的開端，麥特・穆倫維格是 Automattic 公司的創辦人之一，該公司推出了 WordPress 網站建置工具；他在部落格寫了一句名言，疫情「是沒人要求要做的遠距工作實驗」。儘管 Automattic 是遠距優先的公司，工作團隊分散在將近一百個國家，但是穆倫維格還是承認，實體會議十分重要。因疫情而取消實體會議的那段期間，導致他心生疑慮。這句話的意思是，大部分的人都沒做過「合適」類型的遠距工作。所謂的「合適」，

就是員工自行選擇，經過事先規劃、用心進行並獲得引導，而且領導者要懂得利用這種新拓展的工作方式來帶領員工。

疫情之後，布魯姆預測遠距員工的人數將會是疫情前的四倍之多。不過，有馬斯克那種領導者嘲笑在家工作的正當性，其汙名和內疚感無疑會長久存在。

內疚是怎麼產生的？

內疚感及隨之而來的補償行為，是源自於公司和勞工之間的信任鴻溝。如果你覺得自己信任工作團隊，請繼續讀下去。數據顯示的情況恰好相反。

2020 年，Reddit 網站有一個討論串，某位遠距員工承認，如果沒有「一整天都待在〔自己的〕筆記型電腦前面」，就會覺得內疚。兩百多位評論者回覆，列出一長串理由來說明他不應該有內疚感：公司不值得你那樣做、你的工作時間夠長了、沒有夠多的工作要做、不是你的問題等等。某位評論者提醒他要裝忙，這樣才不會被取代。很多評論者都提到，不需要常規的八小時上班時間，就能完成一天的工作，所以很難一直保持忙碌狀態。

正如布魯姆的研究結果所證明的，員工在家的生產力比較高，但說來諷刺，主管可能沒有發現員工有額外的時間，所以不知道要據此調整員工的工作範圍。這種情況會造成空檔時間（dead time），而員工要麼主動把空檔時間給填滿，要麼不填滿時間，但不填滿時間的話，員工往往會覺得內疚。

你可能會想，大家應該要求做更多的工作，而且在沒要求做更多工作的情況下，就得承受內疚的後果。但比較常發生的情況是，大家忙著探索其他興趣，包括公司內和公司外的興趣。不過，我們有更多時間投入外部興趣，反而有利於增進想法和創造力、改善健康、提高工作生產力。我的一位受訪者表示，他把原本通勤的時間用來長時間騎自行車，運動時間變長，體能也變好了。也許你可以說，提早完成工作會造成內疚感，這是有理由的，但另一方面，員工完成了工作、工作速度加快，而且有些人在過程中把自己照顧得更好。

在空檔時間以外的時間，許多員工會想方設法搶著露面，深怕不露面就會丟掉工作，使得大量過勞的狀況因此產生。也就是說，員工會覺得一定要多透露自己的行蹤或

利用時間的情況，就算是私人時間也要透露，這樣上司才會知道員工還是很進入工作狀況。對員工和主管雙方來說，這種做法很消耗心力。

GitLab 軟體公司的遠距主管戴倫・莫夫在其遠距工作指南中表明，混合型遠距公司員工要應對內疚感和「有毒的嫉妒文化」，算是一種劣勢。現今大部分的公司都是混合型遠距公司，也就是說，公司的部分員工在辦公室工作，部分員工在家工作。在這種公司文化中，有時會認為遠距工作者是在「騙取」好處，而辦公室員工沒有那種好處。大家可能會有以下的想法：遠距工作者應該要表現得更好；公司要是沒有提供遠距工作給所有員工，那麼遠距工作者就需要證明他們的工作安排很合理；對於遠距工作者所擁有，但別人無法同樣享有的彈性，遠距工作者應該要感到內疚才對。

員工對於在家工作的狀態覺得內疚，多少跟「勉強出勤」的現象有關。所謂的勉強出勤，就是員工會現身上班，但基於疾病或病況，沒辦法充分發揮生產力。根據《美國醫學會雜誌》（*Journal of the American Medical Association*）刊登的研究報告，在憂鬱和痛苦期間勉強出勤，所損失的

生產力是待在家中的三倍。隨著染疫情況增加，很多員工不得不面對自己勉強出勤的情況，也就是登入上班後，工作表現卻遠不如以前的最佳工作表現，背後是健康因素使然，而且也沒花費必要的時間去改善健康情況。

根據英國國家統計局的報告，因疾病導致的工時損失，下降了72%，而病假缺勤率從 1995 年的 3.1%，下降至 2020 年的 1.8%；該份報告還認為，病假率之所以驟減，部分原因是遠距工作也在同時增長，導致人們生病了還是繼續工作。在美國，勞工生病還繼續工作，背後有其額外的動力，因為目前美國聯邦法律並未規定雇主必須提供法定有薪病假。在很多國家，員工生病的話，不是請無薪假，就是使用休假。

若主管採用微觀管理（micro-managing，意思是「什麼小事都要管」）、時間追蹤工具（time tracking）、電子監控，員工會覺得主管認為員工在家工作沒有生產力，因而觸發員工的內疚感。根據網路安全和數位權利公司 Top 10 VPN，疫情發生後的第一個月，遠距員工監控軟體的全球搜尋需求激增，2020 年 3 月比 2019 年 3 月增加了80%。此後，搜尋需求是每個月增加將近一倍。我很驚

訝，雇主對疫情的第一個反應，竟然是不信任員工和領導者，而且在家工作是基於公共衛生和拯救人命。

GitLab 軟體公司的戴倫・莫夫覺得，監控是逃避的藉口，是領導者抄的捷徑。他認為，公司需要投資在協助人員完成工作的工具上，不是投資在監控人員的工具上。他說：「每一天，信任都會贏過監控。」

一旦雇主監控員工，就表示雇主的疑心很重，所以雇主往往要承受反效果。《行為科學家》（Behavioral Scientist）期刊有一篇文章講述這個主題，解釋得十分清楚：「監控員工會帶來一些益處，卻也會重挫員工的士氣，反常地削弱道德行為。公司監控員工的一舉一動，就表示公司不信任員工，導致員工不敬業。那些不敬業的員工，生產力會降低，也會為組織帶來新的風險，因為員工不會再主動尋找正確的事情去做，反而只注重服從。」

如果遠距工作者覺得自己現在都在家工作，需要盡量滿足家人和朋友提出的需求，就像在滿足工作上的需求那樣，那麼在最壞的情況下，他的內疚感會加劇。如果我在家工作，難道不能去幫朋友遛狗嗎？如果妻子忙著照顧小孩，而我的兩個視訊會議之間正好有空檔，難道我不能幫

忙料理午餐嗎？如果我的配偶擔任辦公室的全職工作，難道我不能去採買食物和日用品並料理晚餐嗎？我們覺得自己無法拒絕眼前的家庭責任，但這麼一來，只會讓日子過得更辛苦，還會加深內疚感，無論是職場生活還是家庭生活都會受到影響。我的一位受訪者表示，他在家工作時，總是設法協助每個人，後來身心倦怠，只好辭掉工作。

如果一個人做什麼事都要努力去做，那麼他一將目光從電子郵件上面移開，就會產生內疚感。如果他在上班日時，努力把通往私人生活的大門給關上，就會覺得自己害家人失望了。我幾次訪談年輕勞工，發現以下的情況：他們年邁的父母和祖父母並不明白，待在家裡不代表有空。

亞利桑那大學管理學教授艾莉森・賈伯列（Allison Gabriel）表示，我們在家工作時，內疚感有「多個源頭」：有主管造成的內疚感，家人造成的內疚感，自己造成的內疚感，就連我們的工作安排是別人沒有的，我們也會有內疚感。白天懷著內疚感，會是很沉重的負擔。要是我們說不出內疚感從何而來，也沒有人同理我們，那麼負擔就會變得格外沉重。

內疚感甚至會讓我們做出意想不到的事情，或說出意

想不到的話，而如果我們不用持續替自己的言行找理由，就不會發生這些情況了。2020 年 9 月的某個早晨，我正在對 PowerPoint 簡報做最後的潤飾，以便在 Microsoft Teams 會議上，向公司的其中一位執行副總報告，我跟對方的互動不多，很想留下好印象。此時，手機有來電，開始在桌上震動，我差點就置之不理，但接著我想到自己還有幾分鐘的時間可以接電話。

那是放射科醫師打來的電話。幾天前，我的右胸做了乳房攝影立體定位切片，這位醫師要向我告知結果。他從我的乳房切片中，發現了乳腺管原位癌（Ductal Carcinoma in Situ），是乳癌初期，需要動手術移除。

當「癌症」和「手術」的字眼飄浮在空中之際，Microsoft Teams 的小工具開始閃爍。我收到一則訊息，然後打開，原來是主管在問我，準備好開會了沒，三分鐘後就要開視訊會議。我心想，我一定要撐過去，不能就這樣退出，對吧？

我的腦袋在翻筋斗，我的心突然混亂起來。他問：「你準備好了沒？」除非我有非常好的藉口，否則我覺得自己不能不開會。其實，生死攸關的藉口就可以了。我在

鍵盤上面，動手指打字：「醫師剛剛打電話跟我說，我有癌症，會議可以改時間嗎？」

他以驚訝又鼓勵的語氣回了一段話，再三詢問我是否還好。我打字回他：「我還好嗎？我要離線才行。」他鼓勵我，有需要做的事情就去做。接下來，我流著淚打字：「我不知道該怎麼跟小孩說。」隨後，我好希望自己沒打出這句話。我開始對罹癌的消息做出反應，而我想要獨處。

過了一陣子之後，我才意識到剛才發生的情況：我跟主管說我得了癌症，而我還沒有跟丈夫、母親和小孩說出口。主管最先得知這個消息，一方面是我受到驚嚇使然，一方面是親近的緣故，當時我正要把放射科醫師的電話給掛斷，主管的訊息就在我的眼前閃爍。我從事遠距工作那麼久，憑著某種歷經琢磨但完全潛意識的直覺，認為在家工作的我突然不開重要會議，一定要找個很好的藉口才行。

當時的我不知道自己需要什麼，但確實需要領導者的大力支持，而且需要的程度是那個當下的他或我所遠遠無法理解的。他最先得知我罹患癌症，關心和同理心的特殊

需求就此浮上檯面，但當時我們倆都沒有意識到。

領導者同理心檢驗：如何認出內疚感

　　儘管有大量研究證明，在家工作的員工有很高的生產力，但是拿這個問題去問主管，他們絕大多數都會以為，在家工作的話，生產力就會降低。在這種觀念下，員工不得不冒著身心倦怠的危險，更努力工作以證明自己。如果公司監控員工，很容易導致員工不敬業，進而對工作品質造成顯著的影響。

　　在恐懼、內疚、疑慮下，員工（尤其是在家工作時）為了設法讓你相信他們很有價值，可能會出現以下的補償行為：

- 員工在下班時間和休假期間，回覆電子郵件。
- 員工對自己管理的專案，創造不必要的急迫感，定下不切實際的期限。
- 員工覺得有必要解釋自己怎麼運用工作時間和私人時間。
- 員工請有薪假（特別休假）去做看醫生之類的事，

或休假沒請完。

你可以看到，以上的行為很快就會引發身心倦怠，所以領導者務必要懂得讓遠距員工離開內疚感的倉鼠跑輪。

領導者的下一步

為了幫助員工減輕多方面的內疚感，一定要讓員工覺得你很信任員工，不會沒證據就先懷疑員工。對於遠距員工，領導者一開始的信任帳戶餘額經常是負數，但正是有了信任，才有利於消滅內疚感。

如果你認為內疚可能是員工眼中的一項因素，請參閱第九章〈領導行為藍圖三：增進信任〉。這張藍圖會幫助你利用破冰問句，跟員工一起討論內疚感，在雙方之間營造更優良的信任環境。

Chapter 5

偏執：我們為何害怕自己「被無視及遺忘」

| 案例故事 |

　　凱西在總部位於英國的跨國體育用品製造商，擔任主管一職。有一天，凱西發現她所在的事業部中，與她同層級的每位人員都要參加某場會議，但是她竟然沒被邀請參加。她以為這件事的背後一定有原因，不過，是什麼原因呢？是組織即將有變革嗎？是她即將失去一些職權嗎？還是說，她會被排除在矚目的專案之外？她詢問會議主辦人，能不能把該場會議的紀錄或簡報內容傳送給她，但對方的動作很慢。為什麼對方不想傳送過來呢？凱西傳訊息提醒對方。到底會議上談了什麼？凱西開始生氣，明明她有權拿到資訊，卻拿不到。無論是把她排除在外，還是更糟的情況，都應該算是專案管理不善。

凱西傳訊息給參加會議的人員，得知了會議的零碎細節，但沒人確知她在後續步驟中要擔任什麼角色。她開始分析自己在過去幾週說過的話、做過的事，猜想著自己是不是在某一刻犯了錯，導致大家對她失去信心。她開始覺得資深領導者認為她參與會議沒什麼用。她聯絡某位熟識的同事，決定發洩一番。那位同事安慰凱西說，不可能那麼嚴重，但他們兩人都沒受到邀請，便相互安慰。終於有人把簡報寄給凱西，但凱西已經心灰意冷，不太在意她眼前的簡報了。那場會議沒那麼重要，的確沒錯，但為什麼凱西沒有受邀？一直沒有人給理由。後來，她的收件匣中收到主辦人寄來的電子郵件：「非常抱歉！我剛才發現漏掉你了，我之前用到舊的通訊群組！」

「偏執」背後的事實

有關遠距型和混合型員工面對的偏見及劣勢，就算是身為本章的作者，我在撰寫之際，還是深入認識許多。剛開始撰寫本章內容時，我還以為被遺漏的感覺只是伴隨遠距工作範疇而來，而我們因此展現的不安態度，大多時候有可能被貼上「偏執」的標籤。當時的我覺得，沒有很多

證據可以證明我們真的被遺漏。不過，實際上，還是有相當多的證據表明我們確實被遺漏。我越是探究遠距工作者的情緒作用，越是對自己碰到的例子有所體會，剛好完美呈現出《第二十二條軍規》（*Catch-22*）作者約瑟夫・海勒（Joseph Heller）筆下描寫的偏執：「就因為你偏執，不代表他們沒有跟在你後面。」

我在本章描寫的主題是偏執，這是指沒有事實根據的傷害，有別於實際的排斥；而排斥是源自於人們對不在辦公室工作的人員所抱持的偏見。如果身為領導者的你，在遠距工作的經驗不多，那麼在你的眼裡，偏執和排斥很有可能看起來都是偏執。

根據心理學家的定義，偏執是認為並覺得別人是故意傷害你，就算少有證據可以支持，你還是抱有這樣的想法和感受。你可能會覺得自己好像是想像出那些威脅，有時可以稱之為「妄想」。我在遠距工作上所談的偏執類型，並不是「偏執型人格疾患」這種臨床上的精神病症。非臨床的偏執類型很普遍，我們時常都會經歷。因為遠距工作而浮上檯面的偏執類型，比較像是因為我們「被無視及遺忘」，所以我們的名譽遲早會受損。

我們從事遠距工作，照理來說也會受到「近距偏好」的負面影響，而在那種情況下，我們的偏執有充分的理由，而且根本算不上是偏執，而是對於他人的排斥做出了可理解的反應。

根據 2017 年美國社會學家對一千一百位遠距員工進行的研究，在人際往來的做法上，遠距員工覺得自己沒有得到辦公室同事的支持。部分時間從事遠距工作的員工當中：

- 有 67% 的遠距員工認為，同事沒有站在他們那邊（辦公室受訪者則是 59%）。
- 有 64% 的遠距員工認為，同事沒事先提醒就對專案做出變動（辦公室受訪者則是 58%）。
- 有 41% 的遠距員工認為，在辦公室工作的同事在他們的背後講壞話（辦公室受訪者則是 31%）。
- 有 35% 的遠距員工認為，同事跟別人聯合起來反對他們（辦公室受訪者則是 26%）。

由此可見，我們從事遠距工作時，觀念會更傾向於負

面思考，但這合乎現實嗎？根據史丹佛大學經濟學家尼可拉斯・布魯姆所做的中國攜程旅行社遠距工作實驗，被要求在家工作之員工的晉升率，確實低於辦公室員工。

如果你的組織把混合型工作當成是日後應遵循的最佳模式，那麼前述研究結果應當是你的一記警鐘。混合型工作有很多優點，也是絕佳的工作模式，可以依照員工的需求進行調整，但近距偏好是一大風險。

美國人力資源管理協會（Society for Human Resource Management）對挪威奧斯陸的 MINDTalk Coaching 公司創辦人與領導力教練傑森・林（Jason Liem）所做的訪談顯示，近距偏好是「一種過時的定見，以為員工在辦公室環境的生產力高過於住家環境」。在這個定見下，主管會高估辦公室員工的貢獻程度。舉例來說，開會時漏掉遠距工作者、將比較好的工作派給辦公室員工、辦公室員工的績效會獲得更好的評鑑成績。

近距偏好是雙重威脅，不僅造成遠距工作者和辦公室員工之間的不平等，也造成白人勞工和他人之間的不平等。我們已經很清楚，相較於女性、有色人種、少數族群，白人知識工作者更願意在辦公室工作。隨著時間推

移，我們可能會更大範圍地實施混合型工作，辦公室裡可能會變得以白人居多，而遠距員工會變得最多元，也最容易受到近距偏好的負面影響。在這樣的風險下，如果不謹慎管理混合型工作，我們在多元和包容上付出的心力會往後倒退一大步。

還有另一種活動會導致偏執，那就是電子監控員工。監控軟體可以提供實用的資料，讓我們了解工作方式的改變，卻也會觸發工作團隊的莫大恐懼感。前陣子，ExpressVPN 公司和 Pollfish 公司以兩千位美國雇主和員工為研究對象，結果有 78%的雇主證實，他們正在使用監控軟體來監控遠距員工。然而，有個情況引人擔憂，員工認為，即便是基於收集資料的目的，可能進行監控的情況仍非常擾人，有 48%的員工願意減薪，以換取不受監控的機會，四個人當中有一人表示自己最多可以減薪25%！「在協作工具上監控員工」的這個議題，只會變得越來越複雜。Aware 軟體公司現在販售即時通訊（Instant Message, IM）監控工具，能讓公司根據 AI 驅動的訊息分析，來偵測心情、行為、情緒變化；他們稱之為「真實的人類信號」。

就算雇主放寬監控，我們在其他地方也會受到監視（及評判）。推特使用者 Room Rater（@ratemyskyperoom）讓人們對別人的視訊會議背景進行評分，在我寫作之際，追蹤者已達四十萬人。

　　英特爾公司（Intel）的安迪・葛洛夫（Andy Grove）曾經對員工說了一句名言：「只有偏執者會生存下來。」他認為，我們應該質疑他人是基於何種動機和意圖來對待我們。史丹佛商學院研究員羅德瑞克・克瑞默（Roderick M. Kramer）解釋，職場上的偏執是一種「自我展現」的行為，他甚至把它稱作是「審慎的偏執」，也就是在為自己著想。偏執是一種因應機制，當我們覺得自己的名譽岌岌可危，就會啟動這個機制。

　　2021 年 1 月，《紐約時報》刊出了〈遠距工作會讓我們變得偏執嗎？〉一文，指出「很多人覺得在同事的互動上出現各種新的焦慮感」，而有一部分的焦慮就屬於偏執。短暫的片刻和細微的動作，被賦予了超過其本身的含意。溝通管道可能會不暢通，因為從事遠距工作或組織進行變革時，會比較難保持聯繫。這類情況會造成該篇報導中有人所說的「回饋中斷」（feedback break），結果導致我

們過度處理、反芻思考，不確定自己的立足之處。我同時經歷過組織的變革和遠距工作，可以證實的確有回饋中斷的情況，也特別難做到保持聯繫。

偏執是怎麼產生的？

根據資料顯示，基於偏執之定義所具有的特性，員工可能會認為組織裡的其他人打算損害他們的名譽，畢竟人們從事遠距工作時，這件事的反證比較少。電梯裡的人露出微笑，在辦公室的茶水間一起喝杯咖啡，在停車場偶遇某個人，對前陣子開的會議交換一、兩句話等等，這些互動都已經中止，但它們卻可以降低我們對名譽受損的恐懼感。回饋中斷了。

不過，有時會發生實質的排斥，而某位員工對此的反應看起來像是偏執，但其實不是偏執。領導者需要多加關注這種情況，因為這是警訊，需要領導者採取行動，確保那位員工不受排斥。

偏執是遠距工作的情緒副產品，在新冠肺炎疫情之前未被充分研究，仍是有待認識的領域。疫情期間，有研究員制定了疫情偏執量表，針對遍及全球的疫情引發的偏執

感、偏執感發生的原因、哪些要素有利於減輕偏執感，加以探究一番。既然遠距工作是疫情期間的主要工作模式，若能了解偏執何以同時形成，會有很大的用處。

研究員發現，壓力是引發偏執的最主要因素。根據某項以五個國家的成人所做的研究，以下因素可以避免人們產生偏執感：保持固定的行程，信任權威人士，低風險觀念，相信那些為防止疾病擴散而採取的行動會很有效。

想一想前述的保護因子放在遠距工作環境下的情況：固定的工作行程幾乎沒辦法保持下去；我們比較少接觸到職場上的權威人士，直屬主管就是其一；風險觀念，還有我們對於「壓平曲線」的擅長程度，則是有賴於各種跟病毒擴散有關的資料；此外，為防止疫情擴散而構思的行動，不幸地走向政治化，而我們又沒有能力跟別人一起採取同樣的行動，意謂著我們缺乏「社會認同」，無法證明我們做的是正確的事情。

另外，在疫情期間，我們學會了疫情的傷害有可能透過他人來到我們這裡，員工、朋友、家人，任何人都有可能傳播。「他人故意傷害我們」這個錯誤的信念，是偏執思維的核心，而我們在制約下，確實是透過偏執的鏡頭去

看待別人。於是，無論我們想不想變得偏執，都會被訓練成這個樣子，藉由這種方法來抑制病毒。

根據 2017 年的研究，在疫情之前，遠距員工就已經對同事懷有更明顯的偏執感，既然如此，自然會預期我們在疫情的背景下，會變得更偏執。羅德瑞克・克瑞默教授在《紐約時報》的報導中表示：「根據過去所做的組織偏執與社交偏執的主題研究，在家工作會導致人們對近況的不確定感加劇。遠距工作會讓人更覺得在狀況外，因為我們會錯過特別的對話，而那些對話往往能讓我們安心，覺得自己夠資格。」

領導者同理心檢驗：如何認出偏執

偏執會讓員工貪婪地渴望獲得讚揚和榮譽，這類的回饋反應有助於證實員工的地位，羅德瑞克・克瑞默稱之為「審慎的偏執」。為了平息內心的偏執感，員工會要求獲得讚揚和榮耀。員工認為，是別人故意導致他們名譽受損，畢竟反證都微不足道，而近距偏好造成的不平等確實有損其地位。員工極力設法保護自己的名譽，而基於正當理由，有時會認為自己的名譽受到危害。

你認為員工有沒有偏執感呢？若要評估，請注意員工有沒有出現以下的一些行為：

· 時常懷疑自我價值並覺得自己被排斥。
· 採用一些手段來保有資源，可能會對你或別人隱瞞資訊。
· 時常探問團隊裡其他成員的行蹤和會議。
· 提議或主動跟更多的資深高階主管交流互動，增進親近感。

領導者的下一步

根據漢堡大學所做的偏執感研究，偏執感與壓力有密切的關聯。偏執感之所以處理起來特別棘手，是因為我們是依據新資訊來調整信念（研究員假定新資訊有利於緩和偏執感），而這並不會影響到壓力和偏執之間的關聯。那個可以證明某人的憂慮毫無根據的新資訊，似乎沒有打動人心。壓力有如一條通往偏執感的高速公路，而且沒有匝道可以開出去。

也就是說，領導者需要把偏執感當成是壓力的症狀。

在職場上，壓力有各式各樣的觸發要素，例如：意想不到的事件、低度的溝通、模糊的文化信號、策略的混淆，或者對於結果抱持不明確的期望。我們都很清楚，前述情況會導致不明晰的狀態。

在遠距工作的脈絡下，文化信號和非正式的互動都很有限，我們可以認為偏執的對比情緒就是明晰，還有跟明晰有關的平等。身為領導者的你，越能讓員工的工作體驗變得更明晰、更平等，那麼不確定感和潛在的排斥感所造成的壓力，就越來越少。

如果你認為偏執可能是員工眼中的一項因素，請參閱第十章〈領導行為藍圖四：劃定界線〉。這張藍圖會幫助你利用破冰問句，跟員工一起討論偏執感，並且擬定一些方法，讓員工對於每天做的事情有更明晰的掌握。

Chapter 6

寂寞：遠距工作如何考驗我們在關係聯繫上的需求

| 案例故事 |

　　瑪格是全職遠距員工，在多種產業的多家公司擔任約聘專案主管。她和丈夫、兩個孩子、一隻貓，一起住在大城市的公寓裡。丈夫比爾有時工作到很晚，兩個小孩在校隊上很活躍，經常一整個下午都不在家。晚餐時間是瑪格最喜愛的時光，她意會到一件事，在大部分的上班日，晚餐時間是她唯一能跟別人同處一室的時光。

　　星期一來臨，最年幼的孩子最後一個離開，她家大門喀的一聲關上，感覺像是關上了墓門，她甩掉這個念頭，工作很快就讓她回神，她試著一直專注於工作。幾個月前，她下定決心，一週至少要排出時間，跟朋友吃一頓午餐，這樣就可以多少接觸到其他人，但大家都很忙，所以

並沒有成真。就算休息一下、出個門很不錯，但視訊會議取消的時候，瑪格還是會擔心，因為這就表示 Zoom 上面有好幾個小時都不會有同事陪伴。某個星期三下午，會議取消了，突然間，她午餐後有三個小時的自由時間。她試著把這段時間拿來專心工作，但還是覺得不安。她這個人很喜歡社交，雖然別人都說，安靜的時刻很適合深度工作，但她始終很難適應安靜的環境，安靜反倒是喧囂。

「寂寞」背後的事實

雖然遠距工作讓員工更能掌控自己的工作地點和方式，但是員工可能要付出寂寞的代價。儘管遠距員工竭盡全力跟附近的人（例如鄰居和家人）來往，但是同事之間的直接交流，還是無可取代。根據後疫情的遠距工作研究，遠距工作引發的寂寞，其實會削弱工作與生活之間的平衡感。現實跟我們的想像相反，如果我們跟同事的直接交流減少，那麼就算跟家人及朋友的相處時間增加，我們在工作和生活之間還是會失衡。

寂寞是遠距工作最常見的阻礙之一。前陣子，美國精神醫學學會（American Psychiatric Association）以美國員工

為對象，進行問卷調查，結果發現三分之二的員工有時會感到孤立或寂寞，17%的員工一直感到孤立或寂寞。有一點令人憂心，年輕成人甚至會感到更加寂寞：在十八歲至四十四歲的人當中，有 73%更有可能回報表示，他們在家工作時會感到孤立或寂寞。

疫情嚴重之際，英國 TotalJobs 求職平臺針對同樣的情況進行研究：英國員工當中，將近半數（46%）在家工作時會覺得寂寞，十八歲至三十八歲的年輕員工覺得寂寞的數據，激增至 74%。

2018 年起，社群媒體管理公司 Buffer 每年都會發布《遠距工作狀態》（*State of Remote Work*）報告。疫情之前、疫情期間、疫情之後，「寂寞」在全球遠距員工受訪者的抱怨事項當中都是名列第一。儘管如此，根據 Buffer 公司 2022 年的問卷調查，97%的受訪者表示，他們在剩下的職涯中還是寧願投入遠距工作。由此可見，我們明知自己寂寞，明知有其他挑戰要應對，還是願意忍受寂寞，以換取彈性。

由於疫情，我們廣泛從事遠距工作已有數年，而寂寞是公開討論的話題。在領英網站上面，蘿薇娜・漢尼根

（Rowena Hennigan）是遠距工作話題的「頂級之聲」，著有《遠距工作文摘》（*Remote Work Digest*），在歐洲的遠距工作培訓領域，堪稱資深作家和講師。她在近來的一封電子報寫道：「我感到疏離又孤單，有時最忙碌的日子也是如此。我很少有機會維繫實質的人際關係，關係的聯繫也毫無品質可言。有時，我也會覺得好像只有我一個人這樣，孤單地扛起我的角色和責任。」

寂寞是怎麼產生的？

我們需要的社交接觸量，以及我們得到的社交接觸量，這兩者之間的落差，就會出現遠距工作的寂寞。你應該預料到我們需要的東西各不相同。舉例來說，遠距工作時感受到的寂寞程度，多半取決於研究員所稱的社會基準理論（Social Baseline Theory）。根據該理論，我們對於人類活動的基準期望，就是期望獲得社會支持和社交情境。

有些人的基準比別人還要高。因此，在考量遠距工作時，基準較低的人，以及沒那麼期望社會支持的人，可能覺得不太寂寞；而基準較高的人，則會覺得比較寂寞。因此，就連探討寂寞也變得棘手起來。當同事提及他們很喜

歡獨處，能夠深入工作，這時我們肯定會覺得自己出了問題，因為我們不愛獨處，有時甚至要懷著不安去克服。我們需要的東西，以及我們得到的東西之間，兩者存在著落差。

這個落差會引發情緒倦怠，因為我們察覺到資源落差，也就是我們期望得到某些社會支持和資源，卻無法得到（或者無法親自得到）。為了彌補這種狀況，我們採取行動來保有資源，並且做出補償行為，好比有人失去一條手臂或一條腿，其餘的手臂或腿就要變得更強壯才行。

還有另一個重要因素可以用來判定遠距工作對寂寞感造成多少影響，那就是要看員工有多偏好把工作和住家給區分開來，研究員稱之為「區隔偏好」（segmentation preference）。如果員工具有高度的區隔偏好，表示員工非常偏好把工作和住家區分開來。對於任何在家工作的安排，員工可能不感興趣。如果員工有高度的區隔偏好，那麼在家工作會比辦公室工作更讓員工感到不滿，也更容易覺得寂寞。

因此，並非全部的員工都會覺得寂寞。覺得寂寞的員工，很有可能具有高度的社會基準和高度的區隔偏好。

我們應該審視寂寞現象的原因有二：一，我們關心員工的工作品質；二，我們關心員工的整體幸福。根據研究顯示，寂寞會對健康和工作成果造成有害的影響。2018年，美國醫務總監維偉克・莫西（Vivek Murthy）表示，寂寞是逐漸蔓延的瘟疫。由寂寞引發的健康問題十分緊急，他甚至寫了一本書來闡述：《當我們一起：疏離的時代，愛與連結是弭平傷痕、終結孤獨的最強大復原力量》（*Together: The Healing Power of Connection in a Sometimes Lonely World*）。莫西醫師在這本著作中寫道，寂寞會導致壓力增加，跟壽命的減少也有關聯，相當於每天抽十五根香菸。在職場上，工作品質的降低、創造力的局限、推理和決策的劣化，都跟寂寞有關。

　　跟朋友（尤其是職場友人）之間的關係聯繫，會對工作成果產生重大影響。蓋洛普公司針對世界各地一千五百萬名員工進行研究，詢問員工有沒有「職場好友」。雖然只有 30%的受訪者說他們有職場好友，但這些受訪者在工作上的敬業度是七倍之多，更擅長跟顧客互動，工作品質更高，比較不會受到傷害。至於沒有職場好友的員工，只有十二分之一會很敬業。

退役的美國海軍司令暨前任藍天使特技飛行員艾美‧湯林森（Amy Tomlinson），曾經以海軍飛行員的身分多次駐紮在外地，並以海軍飛行員之女的身分長大成人。她說，她的好友全都來自海軍圈子，而且是一輩子的摯友。她思考近來職場好友研究的重要性，認為這類親近的友誼應該是增進信任感的要件，有利於共赴戰場、從航空母艦起飛、信任戰友、彼此交付性命。要達到高度的信任和成功，友誼無疑是關鍵要素。最近，她擔任的職位是負責開發提供給員工體驗的虛擬工作空間，而以這個職位來說，擁抱組織文化並珍惜職場的關係聯繫，無疑是絕佳的必備條件。

　　就算是瑣碎的互動，也有助於奠定深厚的友誼。一起工作沒那麼重要，反而是面對面、透過電子郵件或使用遠距科技，共同分享工作以外的一些無謂的念頭和感覺，這些比較重要。

　　至於雙方互動的時刻，約翰‧里歐敦（John Riordan）認為茶水間休息時刻並不是解答。在里歐敦看來，大家絕大多數會認為茶水間裡的飲水機是八卦和負面的中心點，而非可以利用時機來激盪出下一個絕佳想法的地方。里歐

敦認為，優秀的遠距主管在跟共事者的互動方式上，都會安排得井然有序。遠距主管不會倚賴偶遇某個人的方式來聯繫關係，遠距主管會用心管理，找出哪些人員會幫助他們「離開他們的地盤」，學習新東西或發展嶄新的協作角度。倚賴電梯裡的意外相遇，看起來不像是策略。

UnPlug 數位健康組織共同創辦人克里斯・弗萊克（Chris Flack）承認，遠距工作伴隨著寂寞，但要解決這個問題的話，我們對於社會管制是否要回到健康水準，就需要審慎思考一番。疫情期間，我們得知他人會把藉由空氣傳播的病毒傳染出去，引發疫情，不經意地導致我們受到傷害，於是我們遠離彼此。現在，我們需要回到更健康的社會管制常態，也就是說，展現一下我們的社會肌肉，出門學習新東西，見一見陌生人，還要在合適的時間和地點，跟同事會面，以便順利完成工作。

領導者同理心檢驗：如何認出寂寞

現今，寂寞問題的出現，有一部分是因為我們還沒學會調整我們的互動、關係並用心管理。我們還是仰賴別人偶然的溫柔陪伴，藉以滿足我們的寂寞感。舉例來說，我

們在公共場合工作，整個空間裡還有一堆陌生人同時在工作，但我們沒有理由跟對方互動。這樣真的會平息我們的寂寞感嗎？

身為主管的你，該如何得知員工正在承受遠距工作引發的寂寞？以下列出一些跡象：

- 在公司裡的私人關係或朋友不多。
- 表現出反生產力的行為，例如會議準備不充分。
- 行動或表情反常，出現壓力跡象。
- 家中有變動，導致寂寞感加深，例如室友、孩子或配偶離家，或者失去家人或寵物。

領導者的下一步

除了觀察這些跡象以外，你還可以詢問對方是不是覺得寂寞。這個話題不太容易開口談論，所以對方可能會閃躲，但如果對方準備好要開口談論，那麼他知道你已經打開交流的空間，也許會覺得很感謝。我們無法解決寂寞本身，卻可以懷著同理心去應對，在帶領他人時，透過一些行為來平衡孤單感。舉例來說，不寂寞的人很受歡迎、友

善、合群、親近、被愛。簡單來說，他們有歸屬感。為了支持員工，我們可以認為寂寞的對比情緒就是歸屬感。

如果你認為寂寞可能是員工眼中的一項因素，請參閱第十一章〈領導行為藍圖五：管理績效〉。這張藍圖會幫助你利用破冰問句，跟員工一起討論寂寞，讓員工更有歸屬感。

Part 2

五種遠距就緒領導行為藍圖

遠距領導力圓輪™

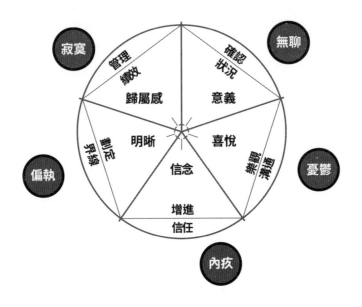

　　我們在第一部分探討了遠距工作相關的情緒地景（emotional landscape），還有五種主要情緒的作用。這五種主要情緒分別有以下的對比情緒：意義、喜悅、信念、明晰、歸屬感。第二部分會提供實用的步驟，教導大家如何把這些對比情緒當成工具來使用，跟遠距員工聯繫關係。不過，該怎麼做到呢？此時，領導行為藍圖正好可以

發揮作用。

如何建立領導行為藍圖

　　遠距工作的領導行為藍圖有五種：確認狀況、樂觀溝通、增進信任、劃定界線、管理績效。後續幾章會說明這些藍圖的作用。

　　每種領導藍圖是由五個層面（Dimension）構成，好比建築藍圖，建築師使用藍圖打造建築物時，Dimension是指各個部分的具體尺寸。而領導藍圖的這些層面會引導你該如何增進關係。

　　五種遠距工作情緒往往是被工作以外的要素所推動。領導行為藍圖不一定能解決職場以外的狀況，卻提供了關懷行動清單，讓領導者據此採取行動，發揮同理心並增進關係。最後，工作會為遠距員工帶來更好的感覺，而他在眼前的處境下，還是能達到最佳工作表現，因為你懷著真誠的態度，在員工所在之處跟他聯繫關係。

診斷工具

領導力遠距就緒度問卷

在領導力遠距就緒度（Remote-Ready Rating™，簡稱 3R）這個診斷工具的幫助下，遠距領導者就能評估自己在落實關懷行動、增進關係方面的技能有多高超，以及哪裡最需要增進技能。

請為每句話打分數

0＝從來沒有。1＝很少。2＝有時。3＝經常。4＝一直如此。

1. ＿＿＿我跟團隊一對一開會時，會詢問他們的狀況怎麼樣。
2. ＿＿＿我一星期會跟整個組織上下溝通好幾次。
3. ＿＿＿我會確保團隊一個月至少做一次有趣的事情。
4. ＿＿＿我會告訴團隊，他們的工作跟公司的使命有何關聯。

5. ＿＿＿對於委託困難的任務，我感到自在。

6. ＿＿＿我會跟團隊成員討論職涯發展，至少一個月一次。

7. ＿＿＿我能夠鼓勵團隊裡比較安靜的成員投入其中。

8. ＿＿＿我團隊裡的員工在公司有導師。

9. ＿＿＿我至少一個月會跟顧客談話一次。

10. ＿＿＿我能夠自主決定團隊的工作行程。

11. ＿＿＿我可以自嘲。

12. ＿＿＿我會讓團隊在面對沒能力處理的工作時，有權力說「沒辦法」。

13. ＿＿＿我能夠樂觀看待變化。

14. ＿＿＿我會用一些可衡量的目標，記錄團隊成員的績效。

15. ＿＿＿我的團隊懂得運用非同步的方式（每個人不一定要同時間上線）推動工作進度。

你的領導力遠距就緒度計分表

計分表會把你的答案分類成遠距工作情緒陷阱的五種對比情緒：意義、喜悅、信念、明晰、歸屬感。現在，來看看你的領導風格有多能引發這些心態。

意義	喜悅	信念	明晰	歸屬感
第 1 句	第 3 句	第 5 句	第 2 句	第 4 句
第 6 句	第 11 句	第 7 句	第 12 句	第 8 句
第 9 句	第 13 句	第 10 句	第 15 句	第 14 句
評分_____（答案總分）	評分_____（答案總分）	評分_____（答案總分）	評分_____（答案總分）	評分_____（答案總分）
總得分＝		60＝遠距就緒度達完美程度！		

在各個類別進行評分：

- **9 分以上**：表示你很擅長運用這種心態來增進關係。做得好！

- **6 至 8 分**：表示你有能力運用這種心態來聯繫關係，但你還可以做得更多，詳細指引請參閱第二部

分。

- **5 分以下**：表示你需要增進技能，要變得更擅長運用這種心態，藉此增進你和遠距團隊之間的關係。請參閱第二部分的領導行為藍圖和破冰問句，將會大有幫助。

Chapter 7

領導行為藍圖一：
確認狀況

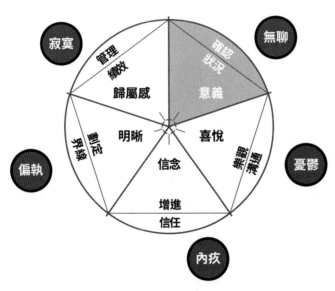

這份領導行為藍圖是要幫助你透過「意義」來聯繫關係，藉此控管團隊的「無聊」感。

在工作上，有很多方面可以提升意義，但主管要在一對一的私人對談中負責定調，讓這些感覺順利發展。

大家普遍認為，新冠肺炎疫情是思考人生和重要事物的時機，而且是全體人類一起思考。難怪勞動市場的辭職率變得居高不下，疫情後的那段時期興起了「大離職潮」。大家都體悟到人生太過短暫，而我們應該投入於自己或他人心目中有意義的事情。意義面臨著莫大的風險。

有些跡象和對話在多人會議上難以顯露或無法出現，唯有透過一對一的私人對談，才能診斷工作是否已失去意義。對於確認狀況的重要性，遠距工作健康專家蘿薇娜·漢尼根並未含糊其辭：「平日一對一談話，就是遠距環境下的領導力骨幹。」

遠距型和混合型工作的特色，就是缺乏物理上的近距離。大家往往會談論意外的會議、偶然的對談、近乎即時的互動時刻，而正是在這些時刻，我們最能認識彼此，訴說自己私下的一些狀況。一對一談話可以創造用心的聯繫點，取代一些偶然的聯繫點。相較於在電梯裡偶遇彼此或在咖啡機附近徘徊，一對一談話的意義不一定比較小。其實，一對一談話可能具有更強大的力量，畢竟這是用心打

造出來的。

2018 年，在某次工作活動上，我遇見莎莉絲特・海姆斯（Celeste Helms），她是在亞利桑那州工作的同事。她是律師，隸屬於我們公司的北美法律團隊，而我負責全球行銷，從職務的立場來看，我們就算會一起工作，機率也是少之又少。

不過，我們相遇了，應該是在茶水間，或是在員工餐廳排隊的時候，我們竟然聊到停不下來。她有兩個女兒，我有兩個兒子，我們在養育子女方面交流的意見，不亞於思考自己在公司看到的變化。我們有很多共同點。

在傳統的工作環境裡，她會回到她的辦公室，而我會回到我的辦公室，然後我們可能再也不會聊那麼多，我們各自辦公室裡的其他同事會扮演那種角色。不過，我們都是遠距員工，她在亞利桑那州，我在紐澤西州。有一天，我聯絡她，提議我們每個月都安排時間一起閒聊，就像我們那天在工作活動上大聊特聊那樣。她同意了，於是我們開始使用 Teams 打視訊電話，聊聊彼此的生活，目前已有三年之久。我們幾乎什麼話題都聊，比如壓力、疾病、抱負、度假、夢想。這是用心打造出來的相聚時刻，我們定

期聚會邀約的名稱是「飲水機」。

拜遠距工作所賜，我們感受到聯繫的急迫感，所以就確保彼此會保持聯絡。我們的關係是用心打造出來的。我們很清楚，要是沒有定期視訊，這段關係就會消失不見，所以我們會定期視訊。

我經常聽說，世界各地不同產業的公司裡，很少有員工會跟主管進行一對一談話，而在疫情爆發之後，更是格外少見。當人們全都在家工作後，好像馬上就從待辦清單中刪去了「一對一談話」。於是我不由得思考，我們全都在辦公室工作的時候，到底有多用心去落實管理做法。1982 年，麥肯錫公司（McKinsey）的顧問湯姆・畢德士（Tom Peters）和羅伯特・華特曼（Robert Waterman）出版了《追求卓越》（*In Search of Excellence*），這本暢銷管理書倡導以下的觀念：主管偶爾應該要花時間在辦公室裡隨意走動，認識員工，這樣才能真正走到「第一線」，這種做法叫做「走動式管理」。前一陣子，我在思考，既然沒有地方可以四處走動，或者四處走動時能看到的人並不多，那麼主管會不會變得不太懂得確認團隊的狀況？

結果，沒有一對一談話，就變得不用心了。也許有些

主管還是會碰到幾位在辦公室工作的團隊成員，偶爾可以一起吃頓午餐或喝杯咖啡，或者在其他的會面場合上，聊一聊近況。不過，在其他會面場合上能夠「聊近況」，其實在遠距工作中很少見，而有些情況根本無法聊近況。我們要特別努力確認狀況才行，要是不確認狀況，那麼物理距離就會加上「管理距離」，而遠距型和混合型工作就真的行不通了。

遠距策略顧問暨愛沙尼亞 SaaS 公司遠距主管瓦倫緹娜‧索納（Valentina Thörner）表示，在一對一視訊會議中，她會特別詢問八卦消息。她很清楚，度過恐懼的人都很有創意，而領導者必須主動詢問，大家私下交流時都聊些什麼，閒聊的話語裡往往充滿著情緒幽靈和小妖怪，而領導者的職責就是把燈打開。領導者要是只仰賴團體會議來認識別人，「就永遠無法理解別人」。

在 Zoom 團體會議後，蘇珊‧索博特會特別打電話給團隊成員，而這件事需要額外花時間投入。為什麼？她想要知道對方沒說出口的話、對方的腦袋用在哪裡、對方的心裡在想什麼，也就是對方在團體環境下不會提起的那些事情。針對瓦倫緹娜提出的洞見，蘇珊進一步做了以下的

闡述：資深高階主管肩負著高標的要求，要在業務上做出一番成果，所以會把工作團隊視為「一組能力」，主要目的是落實企業目標，此時有可能會卡住。她解釋說：「站在我們面前的是人，我們卻忘記了。而現在，對方存在於螢幕上的兩英寸畫面裡，我們更容易不把對方當人看。」

蘇珊強調說，無論置身於哪個工作環境，無論是不是遠距環境，在我們現今所處的時刻，都一定要更著眼於關係聯繫的需求。不過，遠距工作會導致關係聯繫需求呈現指數般增長。要做到聯繫關係，就要證明身為領導者的你真的想要聯繫關係。領導者必須積極主動，這一點顯而易見，卻很難做到。「你必須拿起插頭，把插頭插進牆壁的插座……插頭沒辦法自行插進插座。」

各位領導者，如果你還是覺得不明確的話，其實球已經在你的球場上，以確保關係的聯繫會發生，而一對一的時間是你為了增進關係而採用的其中一種方法。你應該要鼓勵遠距型和混合型員工也跟同儕進行一對一談話，即使不是直接共事的同儕，也可以安排對談，就像我和亞利桑那州的同事那樣。我和她之間的平日對談，讓我對公司抱有強烈的歸屬感，覺得工作有了意義，而我們甚至談到，

有時只要向對方解釋你的工作內容，讓對方親耳聽見你的解釋，工作的意義就會變得鮮明起來。

汲取「意義」

正如第二章談到的，我們之所以覺得工作無聊，其中一個原因是我們不再體會到工作的意義。幫助團隊找出真正的意義，是消除無聊的重要解毒劑。在進行一對一談話時，這些層面會幫助你專注於創造意義感。

·層面一：一開始可以詢問「你還好嗎？」，並且留時間給對方回答

在你可以詢問下屬的所有問題當中，這是最重要的問題。不過，有一件事比詢問更加重要，那就是主動聆聽對方的回答。任何會引誘你不得不多工處理的事物，請加以控管。其他視窗全都要關閉，把通知調成靜音。當我跟對方分享私事，卻看見對方的眼睛不時飛快地瞄向螢幕；當我們在交談時，我卻聽見對方撰寫電子郵件的輕微打字聲，這種時候會讓人最不想敞開心胸，整個人關機。「你還好嗎？」的問題是聯繫關係的良機，可別低估了。要以

最尊敬的態度對待這個問題。鼓勵員工用他們需要的方式回答問題。

蘇珊‧索博特會一通又一通地打電話給團隊成員,而我之前的主管以前經常提出一個很棒的問題:「你在想什麼?」我很清楚,他並不是在嘗試當個心理治療師,但這個問題是在向我表示,他希望我敞開心胸,聊聊我內心的想法,而他已經做好傾聽的準備。

這種做法也許不適合每個人,但這個問題對我來說合情合理。通常只有他會提出這個問題,而我一整個星期中只有那一刻會思考這個問題。我的真實情況如何?我腦海裡有什麼念頭在作響?有時,整個一對一談話期間,只會談到這個問題,而你要能接受這個提問。雖然你可以利用電子郵件,對工作事宜進行後續追蹤,但確認員工狀況卻是不可少的。記住,同理心的意思是有能力理解對方的感受並感同身受。所以,為了理解對方,必須有人向你解釋對方的感受,而且是用對方的用語,用對方的語調和舉止來傳達。

在進行一對一會議時,不一定要使用視訊鏡頭。視訊鏡頭只是業務工具,有時需要,有時不需要。羅技公司

（Logitech）視訊協作業務的全球營收高達十五億美元，我曾訪問該公司的總經理史考特・沃頓（Scott Wharton），他表示，自己跟團隊進行一對一通話時，通常會帶著手機去散步。我簡直不敢置信，他竟然不使用視訊鏡頭。他解釋說，如果對方是他很熟又很常聊天的人，視訊鏡頭就顯得很多餘。一邊聊天對話，一邊走路閒晃，其實會產生很大的力量，很容易就能從一個話題跳到下一個話題。他也經常需要有離開辦公桌的機會。

還有一點更重要，他很清楚，進行一對一談話時，所在的地方必須要能讓他大幅減少分心的情況並且當個好聽眾，而他的辦公桌並不是適合的地方，畢竟電子郵件是開著的，電腦桌面會冒出即時訊息通知。

・層面二：討論使命感

員工是否覺得自己從事的工作正在落實專業的使命感？請不要把績效目標和使命感混為一談。對我們來說，目標本身毫無意義，因為所謂的意義，是要把我們連結到某件比我們自身更宏大的事物。目標並沒有比我們更宏大；我們被雇用，是為了達到目標。由此可見，實際上，

目標就是我們。不過，意義呢？意義是更宏大的。意義——宏大的意義——沒辦法單獨達成。所謂的意義，是許多共事者集體行動而造就的結果。理想上，你應該定義團隊的使命聲明，並利用簡單明瞭的方式，把團隊的使命聲明連結到公司的使命。此外，對談期間，你可以使用團隊的使命聲明來確認意義。

萊絲莉・卡路瑟斯（Leslie Carruthers）是 TheSearchGuru. com 創辦人暨執行長，該公司已經成立十八年，從第一天起，員工便分散在各地工作。以前，她曾經獲得一件重要工作，對方並不在乎她的所在位置，她也因此得益，所以她想雇用最厲害的人才，不管他在哪裡都沒關係。一開始，她思考著該用何種方式打造出最厲害的分散式團隊。

她向我訴說的其中一件事，就是其公司抱持的價值觀，有「責任感和急迫感」、「想出解決辦法」、「恭敬有禮」。她說，她雇用的基準是文化契合度，她會評估團隊成員有沒有展現出公司的價值觀。就算團隊裡的每位成員相隔甚遠，近如俄亥俄州，遠至羅馬尼亞，但只要有人不為自己的份內工作負起責任，不懷著急迫感解決問題，不恭敬有禮地對待團隊，就會很顯而易見。使命感與文化不

但把意義賦予每一個人，同時也幫助萊絲莉評估員工的績效。她說，就連她的事業夥伴，也必須合乎公司的價值觀，否則這段合夥關係將會行不通。

蘿薇娜·漢尼根認為，以她為遠距團隊的培訓和健康所從事的工作來說，意義來自於共同價值觀的形成。共同價值觀的形成，可以透過團隊章程、團隊協議，也就是能幫助團隊了解自身價值觀的那些文件，或甚至視覺化的資訊圖表。領導者和團隊應該時常確認這些章程協議，詢問團隊有多善於透過他們所做的工作來實踐其價值觀。

信奉一套明晰的共同價值觀，跟心理安全感之間，也有部分相同之處，因為有了共同的價值觀以後，團隊裡的每個人都會感受到，某件更宏大且每個人認同的事物是值得保護的。

蘿薇娜認為，當價值觀展現在工具、語言、縮略詞語（例如 BRB 是指「Be Right Back」〔馬上回來〕）、符號、GIF、表情符號上，就會創造出基於價值觀的行話，讓團隊的成員覺得彼此的關係緊密聯繫，讓個人可以高度表達自我，甚至能夠在情緒幸福感和心理健康方面，發出提醒並早期示警。

伊羅娜・布蘭農（Ilona Brannen）創立了 Slate Digital 公司，並且主持播客節目《載入中》（*Still Loading*），探討數位時代領導力；她表示，在遠距環境下工作，不可能會在願景上過度溝通。公司的牆面藝品、玄關走廊的牆面貼圖、標誌、圖像，甚至是公司建物的設計方法，這些實體工藝品是用來展現公司的願景和價值觀，並將它們連結到工作團隊，而我們從事遠距工作時，這些工藝品的存在感就減少許多。

為了傳達公司的願景和價值觀，領導者本人必須更頻繁地表達願景和使命的宣言。把實際的公司「商品」寄送給在家工作的員工，也有助於把工作上的實體資產帶到員工的住家環境，而且收到郵寄的包裹也很有意思！

・層面三：鼓勵及促進發展

當我們在事業和生活的整體前進方向上，有了一些概念以後，多少就會有動力起床工作及生活。當工作有利於我們往那個方向邁進，它就具有特殊的意義。我們很清楚自己為什麼要工作，因為我們要朝著想去的地方前進。在每個會計年度的開端，我的下屬會使用簡單的範本制定發

展計畫，列舉我們需採取哪些行動才能達到某些發展里程碑。對我來說，範本上最重要的是最底下的方框，員工要在這裡回答以下問題：「你在事業上的抱負是什麼？」

許多人（包括我在內）竟然都認為這個問題很難回答。雖然你沒時間在每次的一對一談話中，都談到員工的整體發展計畫，但就算只是談到那個方框的答案，都有助於你和員工一起確認其工作有多符合使命。員工做的事情，能不能讓員工朝著想去的地方前進？回答這類問題，讓員工在公司的職涯發展上做出明晰的規劃，這一點十分重要，否則你可能會眼睜睜看著優秀員工離職，而其主管可能會試著挽留員工，卻因為無法支持員工的事業發展而灰心喪氣。

事業發展還有另一個重要層面，關係到文化地平線和地理地平線的擴展，這也能賦予人生更宏大的意義。里卡多·費南德茲（Ricardo Fernandez）是 TEDx 演講者和德國 Limehome 旅宿公司的西班牙總經理，他表示，在 Limehome 公司吸引及留住人才的策略中，地點是一大關鍵環節。Limehome 公司的員工有機會「Limecation」（在 Limehome 工作度假），也就是說，員工可以在歐洲境內

任何一處的新地點工作一段時間。他說，給予這種地理上的多樣和彈性，是吸引及留住人才的最佳方法。Limehome 公司提供這樣的福利，就不用跟其他雇主一起打薪資戰，而且工作度假成為該公司的文化。Limehome 公司不用付出額外的成本，就能為員工提供舒適又快樂的工作空間。其實，有越來越多公司把 Limehome 公司提供的旅宿地點，當成是員工福利，讓員工在地理位置上享有彈性。

·層面四：幫助你的團隊落實正面的改變

我很喜歡掃地、擦玻璃這類家事，其中一個原因是這兩種家事立刻就能看到努力的成果，地板看起來很棒，桌面閃閃發光，都是我清潔的！我看到眼前的成果就心滿意足了。在職場上，尤其是參與關係複雜的長期專案時，真的很難看到閃閃發光的成果。其實，我們很容易就覺得自己在某件任務上變得茫然失措，一場視訊會議才剛結束，下一場會議馬上就要開始，有如猴子從這條藤蔓擺盪到下一條藤蔓，又擺盪到下一條藤蔓。還有一點更辛苦，有很多會議都沒必要開，而開了太多場毫無成果的會議，也會

讓我們覺得自己失去了有意義的成果。

　　所以，樂觀溝通才會這麼重要，我們會在第八章討論。請提醒員工，團隊追求的改變是什麼。請盡量經常向員工傳達，員工做的事情會帶來顯著的改變。請想像將來會有的變化！募款活動會使用溫度計來顯示日益增長的募款金額，背後有其原因，因為募款團隊需要看見自己正在落實改變，而網路上快速流動的金錢，卻很難看見。不過，只要看見溫度計的指標上升，就是看見自己做出的改變。該怎麼去想像團隊正在推動的改變所帶來的正面影響？對你的事業和顧客來說，那樣的改變具有什麼意義？這個問題可以帶來一些很有意義的答案。

·層面五：別忘了，對顧客來說，你做的每一件事都有其含意

　　跟你的團隊聊聊顧客的事情。我們學到哪些新的事情？在我們推出的全新措施或創新當中，或者在我們打動人心的宣傳活動當中，有哪些跟顧客產生有意義的關係聯繫？一起查看顧客的回饋反應吧！如果你手上沒有顧客的回饋反應，請聯絡所屬組織內部負責管理顧客回饋反應的

團隊。我向你保證，當今每家公司都保有大量的顧客回饋反應，而且肯定沒什麼人好好查看。把顧客言論、問卷答案、淨推薦值（Net Promoter Score）評論或產品心得，都列成清單，放在桌子側邊，並在進行一對一談話時，提到一、兩個顧客意見。最好請員工把他們手上的顧客意見帶到一對一談話上。詢問員工，這個顧客意見有什麼含意？透過這個顧客意見，應該如何確立後續步驟？為了讓顧客的生活變得美好，我們該怎麼做？

我記得以前在某場貿易展活動上，曾經花了兩天的時間，以簡短訪談的形式輪流訪問顧客，一天訪談將近八小時，那是我跟顧客最密集溝通的一段時間。在那兩天裡，我發現顧客有多愛我們。此外，顧客需要我們。顧客針對我們公司和產品提出的一些看法，就連我們內部最厲害的行銷文案也想不到。我永遠忘不了某位女性顧客，中年喪偶的她告訴我，丈夫去世後，她不得不接管丈夫的事業。她以前從沒處理過財務，一想到要處理財務就嚇壞了。然後，她表示，我們的軟體讓她可以處理文件，她從沒想過自己竟然辦得到。她不僅順利讓亡夫的事業有所成長，比以前更壯大，她的自信心更是一飛沖天。她知道自己會好

好的。我們的軟體讓她有了那樣的感覺。

經過兩天的訪談，我覺得自己做的事情好像真的改變了別人的人生，他們以為自己達不到的那些目標，我都幫助他們達到了。這當中的意義非常重大。

· 針對「確認狀況」的五個破冰問句：

1. 你還好嗎？

2. 這個星期發生的事情當中，有哪件事情讓你感到雀躍不已？

3. 這個星期，你從顧客身上學到什麼？

4. 這個星期發生的哪一件事情，讓你覺得自己更朝著事業抱負邁進？

5. 你現在參與了什麼樣的改變？產生了什麼樣的感覺？

領導行為藍圖二：
樂觀溝通

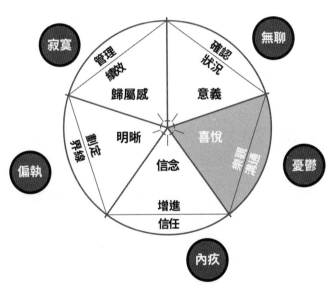

這份領導行為藍圖是要幫助你透過「喜悅」（沒錯，就是喜悅！）
來聯繫關係，藉此控管團隊的「憂鬱」感。

樂觀對我來說很難。我曾經跟弟妹（永遠的樂天派）解釋說，我在亞馬遜網站（Amazon）上面的購物決策方式，就是用一星評論來進行篩選。她的下巴都掉了下來。她問我原因，我表示，我想要知道所謂的差到底是有多差。買東西以前，我必須先判定，我能不能應付別人口中所說的最壞情境。

也許是因為我必須竭盡全力才做得到樂觀，才會意識到樂觀是領導力的重要環節。當領導者是樂觀者，就表示成功是有可能做到的，甚至是必然發生的，而團隊面臨的挑戰是可以克服的。那就像是用五星評論進行篩選，那就像是提出這個問題：「所謂的好，到底是有多好？」

若領導者樂觀溝通，團隊文化就會扎根於希望，扎根於期望帶來的雀躍感。肯‧錢諾特曾在播客節目中表示：「領導者的角色就是定義現實並帶來希望。」我曾經在肯的組織裡工作，難怪我會在兒子們的浴室裡放了「永遠要相信美好事物即將發生」的牌子。我把牌子掛上去時，兩個兒子都是十多歲的青少年，為此對我翻了白眼。其實，我買下這個牌子，比較像是在提醒自己，而不是在提醒他們，所以我應該是掛錯浴室了！

相隔一段距離工作，樂觀溝通至關重要，因為我們全都受苦於負面的自我對話。當我們跟別人分隔兩地工作，負面的自我對話有時會很大聲，宛如透過擴音器吼出來似的。我們會覺得自己被負面的自我對話往下拉，憂鬱感由此而生，活力隨之低落。在這份藍圖，我們會看到樂觀溝通是怎麼引出憂鬱的對比情緒——也就是喜悅。

　　在喜悅方面，有一點很重要，領導者不用把標準定得太高。研究遠距工作與健康的蘿薇娜・漢尼根提醒我們說，有些人只想要露面，完成份內工作，那樣也沒關係。所謂的領導力的喜悅，並不是你張開雙臂、內心有歌曲響起，就突然旋風似地飛過阿爾卑斯山。我們務必要一直展現真誠的自我，不要強迫自己露出微笑。所謂的喜悅，可以是某件讓你笑出來的事物，你會將它分享出去。而使用現代工具來捕捉喜悅、快樂、感恩等情緒，也同樣至關重要。由此可見，利用 Loom 影片訊息或語音訊息，來捕捉這些感覺相關的真實情緒，是重要的方法。當領導者舒適地活出自己，或是「半成品」正在朝舒適的方向邁進，喜悅都是他們身為領導者的樣貌所具備的一項自然要素。

　　某天早上，我在 Teams 上面張貼一則訊息，跟所屬組

織的「休息一下」（Taking a Break）聊天室裡的每個人分享電影預告片。在「休息一下」聊天室裡，什麼話都可以說，我常常發出一陣陣大笑，喜悅就這樣細微又愉快地增長。我分享的電影預告片出自於 2015 年的電影《全家玩到趴》（Vacatio），由艾德・赫姆斯（Ed Helms）飾演的羅斯提・葛里斯沃（Rusty Griswold），決定帶著家人一起重溫挖哩咧樂園（Walley World）。雖然這部電影是老套的搞笑片，但是我和十幾歲的兒子看了都不由得笑出聲來。我的團隊裡有個在巴黎工作的同仁，她說這部電影是她的「惡趣味」爽片。英格蘭新堡的同仁、倫敦的同仁，還有洛杉磯的同仁，他們也都贊同。儘管存在著文化和物理上的隔閡，但在短短的幾分鐘時間內，我們共享這份喜悅，臉上露出微笑。

汲取「喜悅」

　　所謂的樂觀溝通，是指你有能力在有時單調沉悶的日常工作當中，指出喜悅所在之處。我們喜悅時，最是活力十足。喜悅時，我們把擔憂拋在腦後，心理上也有安全感。以下列舉一些方法，可以幫助你把喜悅帶到團隊的日

常工作。

·層面一：對於改變及其對團隊的含意，感到雀躍（甚至喜悅）

沒有人喜歡改變，不過，當你穿上白色背心，像《阿波羅 13 號》（*Apollo 13*）電影裡的美國太空總署（NASA）飛行主任吉恩·克蘭茲（Gene Kranz，由艾德·哈里斯〔Ed Harris〕飾演）那樣，必須要終止任務，把火箭弄回地球，那麼你就得愛上改變。任務出現變化時，你必須帶著每個人返家。大部分的人會憑著天生的直覺而抗拒改變；而所謂的領導力，就是在同處一室的人們當中，成為擁抱改變的那個人。

當改變即將到來或是剛到來時，請花時間自行思索，對你所屬的團隊、你自己及個別的團隊成員來說，改變的含意到底是什麼？他們面對改變時，可能會有什麼感覺？害怕？雀躍？火大？一開始先想對方會有什麼感覺，也就是先發揮同理心，然後再進入會議室。請跟對方進行一對一談話，團體會談時能聽到的意見不多。

要進入會議室對談時，請先思考這個改變會帶來什麼

正面的影響。新的機會在哪裡？未利用的可能性在哪裡？這個改變會啟發哪些想法？這個改變會為顧客帶來什麼幫助？在商界發生的絕大部分改變，都有很好的答案可以回答前述問題，就連困難的改變也是如此，比如讓產品下市、合併兩個事業單位，或在市場上面臨挑戰者。身為領導者，你的職責就是要讓大家知道，有什麼事情值得雀躍、改變的含意是什麼、為什麼必須樂觀。而你在傳達的同時，還要把每個人的情緒狀態都牢記在心裡。

蓋伯‧卡普（Gabe Karp）在遠距優先的 10up 網路公司，擔任歐洲、中東、非洲地區總經理。他向我承認，新冠肺炎疫情爆發八個月後，在高壓和緊繃的截止期限下，工作變得很痛苦。全球各地都在封城，沒辦法面對面做生意，電子商務出現爆炸性的成長，網站變成新興的活動場所，導致透過 10up 公司的工作量大增。幾項專案超過預算，有可能危及客戶關係和企業的健全。一切都改變得太大、太快，無法控制。

在這段期間，蓋伯意識到自己把情緒投射到通話上，影響到團隊裡的其他成員。他對我說：「在 Zoom 上面，我們沒那麼謹慎。面對面的話，我們通常會克制一點。」

他開始跟教練合作，教練幫助他把更多的樂觀和掌控感往外投射，結果產生莫大的變化。不過，他一開始是先認知到，在 Zoom 上面領導他人，其實就是在沒那麼克制的態度下領導他人，領導者必須要意識到後果，這樣悲觀才不會悄悄潛入，也不會減少工作的喜悅。

有時，你的團隊就是會對某個改變感到不滿，我付出了慘痛的代價才學到這個教訓。我的團隊裡曾經有個人很難面對改變。她沒有幫助自己或團隊去應對改變，反而積極對抗改變。從她跟別人講的話來看，她的行為近乎是有毒的行為。我向她敞開心胸，說出我的感受，像是我覺得哪方面不錯、哪方面有挑戰性。對於我提出的看法，她全都點頭稱是，好像我們真的意見一致。我覺得自己把內心感受全都坦然告訴她，希望此舉會鼓勵她也坦然相告。當時，我覺得她好像也敞開了心胸。但在那場對談的三十分鐘過後，她就辭職了。

我做錯的其中一件事，就是大部分時間都是我在講話。此外，我把內心感受向她傾訴，或許有點太過坦率，還以為這樣可以建立有益的關係，反而導致她更渴望去對抗改變。我學到的教訓就是，不要把「同情」和「關係的

聯繫」混淆在一起。領導者與員工之間的同情心態，並不會增進關係的聯繫。當領導者對員工表示同情，其作用通常就是擾亂員工的感受。一旦領導者情緒低落，團隊也會跟著情緒低落；領導者緊張不安，團隊也會跟著緊張不安。由此可見，如果你決定發揮同情心，那麼同情的對象必須是你希望員工仿效的某種念頭、感覺或行動……因為那往往才是員工會落實的念頭、感覺或行動。

‧層面二：讚揚勝利與失敗的妙處

我們家的隔壁鄰居有個小男孩，有時他的足球會突然越過我們兩家院子之間的圍籬。他的年紀不到五歲，相當害羞，每次足球飛進我家院子，他都太過膽怯，不敢進入我家院子來拿球。我認為，他也覺得自己不可以把球誤踢進我家院子。有一次，我把球還給他，並蹲下來跟他說，他隨時都可以進來我家院子，但有一條規定。他睜大眼睛，我想他那顆小腦袋正在努力猜出那條規定是什麼，也許還想著自己是不是惹了麻煩。然後，我跟他說：「那條規定就是，你進來我家院子拿球，就一定要聞一下花香。」他笑了出來，我們倆都笑了出來。

我說這個故事是要提醒你，你的員工非常擔心犯錯，這份擔憂會對他們潑冷水，但其實根本沒必要這樣。犯錯有其妙處，喜悅的時刻也有其妙處，有很多事物有待發掘。就算面對失敗，也要緊抓著當中的妙處，好比停下腳步，聞一下花香。

　　那種目標導向的團隊往往會太過全神貫注，就連那裡有花都無法察覺。你要為此成為一種強迫機制，並解釋當中的含意。如果是失敗，他們從中學到了什麼？如果是勝利，當然就要指出他們一路以來的成果。

‧層面三：騰出時間盡情玩樂

　　要對職場生活感到快樂又喜悅，玩樂正是關鍵環節。其實，作家暨牛津大學組織行為學教授丹尼爾‧凱柏（Daniel Cable）在其著作《活力工作》（*Alive at Work*）寫道，在負面又有威脅性的情況下，玩樂和實驗是最重要的兩大環節。這是因為玩樂和好奇心會刺激腦神經學者所說的「尋求系統」（seeking systems），進而幫助我們達到更高的創造力，促使合作更有成效。

　　疫情期間，我的團隊決定要在線上舉辦更厲害的狂歡

時段：每星期五舉辦酒吧搶答比賽。有人負責擬定題目，而每星期五展示的 PowerPoint 簡報越來越有創意，越來越爆笑。我肯定不只一次大笑到哭出來。酒吧搶答的題庫用完了，我們就改玩線上遊戲，其中一個是《太空狼人殺》（*Among Us*），每個人都用手機加入遊戲，而我們的虛擬替身在遊戲中爭論不休，但在 Microsoft Teams 上面，我們為了遊戲策略的過失或壞運氣，不斷相互責怪。某天下午，我的兩個兒子抓到我跟團隊在玩《太空狼人殺》，難以置信地問：「這是你的工作？」沒錯，當然是囉！

雖然我們是使用虛擬工具來玩樂，但我認為，以實體會議來說，玩樂很適合列為優先事項之一。玩樂不僅有助於激勵人員來到辦公室工作，而且在面對面的情況下，也仍然是享有彼此的笑聲和微笑的絕佳方法。就算是外圍的玩笑聲，心情也會跟著放鬆下來。蘇珊・費特・哈里斯（Susan Fitter Harris）曾經在地方倡議支持公司（Local Initiatives Support Corporation）擔任現場資源專員，該公司是非營利社區發展組織。她還記得當時參加的會議和培訓，培訓團隊會把玩具放在會議桌的中央，有減壓玩具、培樂多（Play Doh）黏土等。她認為，這些玩具會幫助大

家的工作思緒更清晰，並且樂在工作中。

此外，為了努力簡化團隊的工作並節省大家的時間，絕對不可以去掉玩樂時間。柯琳‧克里諾表示，遠距工作促成了更看重開會的文化。為了解決這個問題，公司規定會議限時二十到五十分鐘，而且兩場視訊會議之間要安排休息時間。不過，柯琳沒有休息十分鐘，因為那是玩樂時間。她覺得與其休息，不如玩樂：「閒聊和關係聯繫的時間都被去掉了，所以沒人遵守這項規定。」

在創新的主題上，夏恩‧卡農高（Shawn Kanungo）是很熱門的企業講師。他跟不同組織的人員見面，再三觀察到一點：擁有創造力、發揮創新精神、學習新事物，都具有激勵的作用。夏恩認為，「玩樂」甚至會讓工作變得稍微人性化一點。

‧層面四：分享彼此的喜悅

要打造樂觀和喜悅的文化，其一就是敞開心胸，分享我們的生活經驗，以及對生活經驗的感受。分享喜悅有個美好之處：喜悅具有感染力！哈佛醫學院花費二十年針對五千人進行研究，結果發現，如果我們的朋友很快樂，那

份快樂會擴及人脈網裡的其他人，最廣可以擴及三度分隔的人們，而且影響力長達一年之久！

管理學者西格爾・巴薩德研究「情緒感染」現象已經有許多年。根據她的研究，我們會感染彼此的情緒，有如病毒那樣。領導者特別容易被下屬的情緒影響，下屬被上司影響的程度沒那麼大。意識到這一點以後，在所屬組織裡培養喜悅文化，非常值得，因為對身為領導者的你來說，快樂帶給你的益處實在太大了。

萊絲特・薩德蘭是超強能力協作公司的創辦人暨執行長，著有《歐洲彈性工作法則》。其公司的使命就是幫助人們無論身在何處，都能合作得更融洽。她提供的培訓有一部分是著眼於「聯繫型領導者」的模式。她表示，她投入許多時間培訓遠距工作者和領導者，發現了一股趨勢：人們要是沒有從所屬團隊和主管那裡得到所需的認可，比如生日、里程碑、銷售目標等，士氣就會變得低落，甚至負面又消極。要是主管什麼都不做，所造成的影響並非不好不壞，實際上反而會造成危害。在她提出的聯繫混合型團隊模式中，「我們該怎麼慶祝？」是第五個元素。喜悅至關重要。

．層面五：要先懂得自嘲

以前，我一直都是非常嚴肅的孩子。我還是小學生的時候，會按照字母順序排列我的藏書，或者假裝是診所的櫃檯人員，覺得這樣做很有趣。把東西按照順序排好，我就會覺得很愉快。既然我的工作是要讓事情、專案、團隊等井然有序進行，我學到了自己需要放輕鬆一點。不過，我也超級容易上當。如果你跟我說，執行長希望我把團隊做的每一件事，製作成九十六張的 PowerPoint 簡報並寄給他，那麼我會相信你說的話，並且立刻開始製作。

某年的四月一日早上，某位下屬寄電子郵件給我。那封電子郵件說，我核准「兒童俱樂部」的成立，不但編列高額的預算，還打造全新的大團隊，以便款待及照料顧客的孩子，讓顧客在疫情期間可以安心在家工作。看到以上的內容，我簡直不敢置信，但我沒停下來思考一下，沒注意到那天是愚人節。我發狂似地傳訊息給幾個人，還對丈夫抱怨：「我絕對沒有核准！」那位惡作劇的下屬讓我團團轉了好幾個小時，然後才提醒我，今天是四月一日愚人節。下屬的玩笑害我那天早上浪費不少心力，要是我才剛展開職涯，肯定會為此氣得要命，但那天的我只是對他

說：「滿厲害的。」確實如此。

　　確保工作時間愉快——要有幽默感、笑聲、趣味——十分重要，卡索・昆蘭（Cathal Quinlan）正是典範。卡索曾經是財務專員，在幾年前離開該領域，開設播客節目《提高工作力》（*Better @ Work*），旨在幫助人們的工作和生活獲得改善。卡索跟我聊了他的時間管理團隊。保持士氣高昂，向來極其重要，他形容這好比成為「傀儡師」。要人員擔負責任，這一點當然很重要，但是你向人員提出回饋反應的時候，一定要「淺顯易懂」。針對會議拖拖拉拉、沒進度的情況，卡索制定了人人都懂又樂於視需要採用的代號：「SUMO」，意思是「Shut Up and Move On」（閉嘴，換話題）。團隊會咯咯地笑，結束話題，轉而討論下一件事。

　　一跟卡索聊天，就看得出來，對他來說，事情最重要的就是要有趣，有趣就是他的領導風格的核心。他在自己的播客節目中也講得很清楚明白。情緒確實有感染力：每次聽卡索的一集播客節目、每次跟卡索聊天，我就感受到喜悅。小時候的我會按照字母順序排列藏書、扮演櫃檯人員，真希望小時候就能跟他相遇，他肯定會糾正我！

· 針對「樂觀溝通」的五個破冰問句：

1. 請跟我說說你正在經歷的一項改變，還有那項改變帶給你什麼樣的機會？

2. 這個星期有什麼地方行不通？你有什麼發現？

3. 公司有哪件事可以利用一項改變來改善情況？

4. 這個星期裡，有沒有發生什麼團隊應該要讚揚的事情？

5. 這個星期裡，你在職場上或職場外發生的哪件事最有趣？

領導行為藍圖三：
增進信任

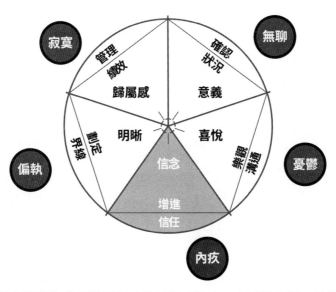

這份領導行為藍圖是要幫助你透過「信念」來聯繫關係，藉此控管團隊的「內疚」感。

我很喜歡《雪球：巴菲特傳》（*The Snowball*），該書是講述巴菲特職涯的傳記，在此要借用書中的比喻：信任是一團泥土，被領導力雪球給裹住。沒有信任，就沒有領導力。

然而，要信任別人，可不是什麼冬季的樂事和遊戲。

全球心理測驗公司湯瑪斯國際（Thomas International）承諾會傳達他們對同仁的信任，讓同仁自行安排例行工作。該公司的承諾如下：「本公司相信你會行使良好的判斷力，請自行決定你或同事會不會從部分時間或全部時間的面對面會議和工作中獲益，這件事會交由員工個人及其主管同意，雙方的行事會秉持遠距工作承諾的精神。」這項承諾甚至更進一步涵蓋以下內容：「比起勉強出勤，本公司更重視貢獻與產出。」

我訪問該公司執行長薩比・吉爾（Sabby Gill），詢問他，為什麼他覺得自己必須明確闡述「信任」，還寫成白紙黑字？他表示，湯瑪斯國際公司做出有自覺的決定，把遠距工作計畫稱為「承諾」而非「政策」，當中的用字是要讓公司人員務必明白，那些用字不只是空話而已。這項承諾是文化上的，每一位同事都要對彼此許下承諾，不是

只有管理層要對員工許下承諾。

　　薩比清楚表達信任的重要性：「身為企業的領導者，你能為員工所做的最重要的事情，就是信任。不管你跟對方是什麼樣的關係（商業關係或私人關係），只要你不信任對方，關係就不存在。」

　　他為領導者帶來以下的啟示：領導者若不信任員工，就要好好想清楚，自己有什麼地方造成自己很難信任別人。不管是什麼樣的關係，信任都十分重要。請回歸基本，並且自問：「對方有什麼地方是你不信任的？你是否相信對方會為了他們自己、為了你而做出正確的事？如果是這樣，那麼到底是什麼造成阻礙？你以前能夠理解對方但現在無法理解嗎？有沒有可能是出自你自己的掌控欲問題，而不是違背信任？」

　　薩比提醒我，我們沒有把領導者訓練成懂得信任別人，只是期望領導者懂得信任別人。信任很難做到，因為這就表示要放下掌控感，並且坦誠以對，不但要坦誠面對自己，也要坦誠面對對方。信任他人是在冒險，是要相信別人值得我們信任又不會利用我們。增進信任沒有公式可言。有時，我們無以為繼，只能憑直覺判定有無正當的理

由可以信任別人。現在來說說我父親的故事，藉此闡明。

　　1967 年春天，我母親帶著我父親（當時是她的大學男友）回家見父母。多年來，有位名叫珍妮特的女性在我家幫忙祖母做事。珍妮特一輩子跟男人談戀愛都不順利，因此對所有男性的評價都很低。以前，我母親的姊姊把未婚夫帶回家見父母，儘管我很確定那名男子一定很真摯，但珍妮特還是不喜歡他。我母親記得珍妮特當時的評論，她說他「長得太好看」。祖父過世後，祖母再婚，其新婚丈夫搬進家裡的那一天，立刻幫珍妮特加薪。但珍妮特不信任他，因為他不知道她做事有多厲害就先付錢了。我猜測，珍妮特覺得他想要收買她。所以，我母親在回家見長輩之前，先幫我父親做好心理準備：「珍妮特就是不信任男人。你要是沒辦法贏得她的心，也不要擔心。」

　　我父母到家的時候，珍妮特和我的祖父母在車道上等著迎接他們。我父親見到將來的岳父母時，也注意到珍妮特正在打量他。我父親年輕時的長相很像《歡樂時光》（*Happy Days*）時期的朗・霍華（Ron Howard）：一頭金髮，容光煥發，高挑瘦削，笑容滿面。他盡量若無其事地走向她，就像在街上散步那樣，然後他伸出手臂抱著她的

肩膀，對她說：「你是珍妮特吧？聽說你討厭男人。」他對她露出最溫暖的真心微笑。

從那一刻起，珍妮特就很喜歡我父親。珍妮特和我父親之間的信任感是在瞬間形成的。在我看來，珍妮特最信任的人就是我父親，家裡的每個人都會同意我的看法。他真心對待她，讓她覺得受到尊重。而她就用信任來回報他。我父親建立信任感的速度之快，就像是閃電突然把樹木給燒了，快到你看不到過程的發生。跟他相處的瞬間，信任之火就此點燃。因為他說出口的話全都是發自內心，全都是別人不會說的話，每一個字都是真心誠意。

遠距團隊的領導者一定要建立尊重和信任，其重要性再怎麼強調也不為過。無論是遠距領導力，還是其他領導力，這一點都十分重要。當主管和員工沒辦法親自一起工作時，有了信任感，雙方的關係不需要物理上的近距離就能建立起來，而且有利於興建無以計數的關係橋梁。

信任感始終是關鍵的變數；遠距型和混合型的工作安排要獲得成功，有賴於信任感。在增進關係上，面對面工作帶來的好處無可計量，但是視訊會議的重要性要是高過於工作產出，員工就會覺得自己不被信任，工作中的其他

事項全都開始衰退，像是意義逐漸喪失、動力降低、生產力減少。

　　10up 網路公司的工作團隊全都分散在世界各地，而且在疫情之前就是如此。當初我詢問蓋伯・卡普，他們的總部在哪裡；他向我解釋，遠距優先的公司不是那樣工作，沒有總部。蓋伯承認，就算有總部，他們也不知道自己該拿總部怎麼辦，因為員工位於二十五個國家、五大洲，簡直是四散各地。要完成工作，信任感很重要，但公司記錄員工的工作時間，是基於向客戶收費的用途，而此舉對信任感造成的影響，讓蓋伯表示惋惜：「記錄時間會讓人覺得這是交易關係，是在暗示信任感很難產生。」

　　當員工覺得自己不被信任，領導者就會得到最低限度的工作成果，遠低於員工和領導者應該獲得的水準。湯瑪斯・錢尼（Thomas Cheney）在聯想公司（Lenovo）擔任資深數位轉型主管，湯瑪斯的專案團隊成員跟蓋伯的 10up 公司的團隊一樣，都是分散在世界各地。他認為，從海軍陸戰隊的經驗當中，他學到了無私和信任的文化何以是工作績效的神奇祕方：「如果你能夠向直屬部下證明，你把他們的利益放在你自己的利益前面，那麼他們什

麼事都會為你去做。」

　　在遠距工作領域，芬蘭名列世界前茅。前一陣子，芬蘭統計局做了問卷調查，在芬蘭的勞動力當中，41%從事遠距工作，而91%表示他們樂於遠距工作。遠距工作之所以在芬蘭大獲成功，信任感是一大原因。根據2019年歐洲溫度計（Eurobarometer）所做的問卷調查，在歐洲境內的國家當中，芬蘭人最信任同胞。艾羅·瓦拉（Eero Vaara）是組織管理學教授暨赫爾辛基的阿爾托大學商學院未來工作型態（Future of Work）研究小組組長，他解釋了信任感何以是重要因素，這多虧了「以平等和金融安全為基礎的福利制度，還有以共識為基礎的決策文化，人們對機構的信心才得以提高」。他表示，北歐國家的組織結構比較扁平化，比較不注重階級，比較講究實用主義，而這些因素都使得彈性工作更為可行。

　　正如前文所述，一開始我會像信任銀行那樣存入款項，然後看情況扣款。我會確保下屬知道，信任好比資產負債表。在關係的初期階段，在對方還沒有給出一個讓我信任的理由以前，我通常會先公開說「我信任你」。

　　然而，信任感是雙向道。我信任對方，不代表對方準

備好信任我。根據我的經驗,你在組織裡爬得越高,被信任的程度就越低。發生這種情況的原因到底是什麼?我很努力想要找出來。根據我個人的觀察,一個人的權威越大,就越少展現內心的脆弱。那些爬上頂端的人會覺得,在工作環境展現脆弱,不太安全。這也怪不得,畢竟我們多半期望他們能不慌不忙,一切盡在掌握中。所以他們來到會議室、來到公司的全員大會、處理全球的電子郵件時,都是戴著工作帽。他們這樣很自在,我們也覺得自在。然而,我們其實不認識真正的他們。對方對我們不坦率透明,我們也無法對對方坦率透明。

瓦倫緹娜‧索納從事遠距工作超過十年,她認為,在增進信任感的方式上,脆弱可以說是至關重要。她公開說自己是同性戀和多邊戀,在跟同事聊天時,也會提到女友。她經歷父親過世帶來的痛苦時,會坦率說出自己在看心理治療師,努力處理內心的悲傷,而在開會時,她偶爾會顯露情緒,流出一些眼淚。視訊通話時,她戴著冠冕頭飾。她從來不覺得工作帽會讓她心煩,她很確定人們就是因此才信任她,她解釋說:「他們都知道,他們不會比我更奇怪。我把自己的一部分託付給他們,從而建立一定程

度的信任感。」

　　在脆弱的主題上，我有個了無新意的問題要問瓦倫緹娜：「分享到什麼程度算是分享太多？」對瓦倫緹娜來說，這個問題的重點不在於領導者準備好分享什麼事情，重點在於員工準備好聆聽什麼事情。領導者務必要開始提供分享的機會，從無害的話題開始，比如週末的計畫，然後等等看員工會不會以同樣的程度來分享事情。員工可能不想分享自己的私人生活，這當然沒關係，但領導者應該要主動敞開心門，主動持續分享，而且是每個人都覺得能自在分享回去的程度。

　　人性化（Humanly）顧問公司創辦人暨總監查雅·密斯崔（Chaya Mistry），清楚看見信任感為現今的領導者和公司帶來良機。新冠肺炎疫情爆發的那一刻，地球上絕大部分人都改變了原本的生活方式。我們可以說是學會了過著更豐富的人生，比如花更多時間跟親朋好友相處，花更多時間思考我們最關心的事物。現在這一刻，雇主可以從那種豐富的人生中獲益，前提是雇主要審慎考量他們希望員工擁有什麼樣的工作體驗，而且雇主也願意落實那些可以促進持續成長和自主的政策。

把賭注全押在信任感上面，涉及的不只是桌子上的賭金，而是整張桌子。為了幫助我們做到這一點，我們要更深入鑽研領導行為藍圖三的情緒聯繫工具：信念。

汲取「信念」

近藤麻理惠在其著作《怦然心動的人生整理魔法》闡述畢馬龍效應（Pygmalion effect），也就是公司為員工定下的期望程度，會影響到績效的高低。若將畢馬龍效應應用在整理上，桌面整齊的人應該能力更高，可以產出高品質的工作成果。近藤麻理惠說了麗莎的故事，麗莎是業務員，她把桌面整理整齊，業績就獲得改善，老闆因此非常讚賞她，她的自信心有所提升，工作成果持續獲得改善。一開始，人們看到麗莎的桌子，就形成了信念，相信麗莎能保持工作空間乾淨，就表示她一定是優良的業務員。人們還不知道麗莎的銷售成效，信念就已經先形成，相信她的銷售成效一定很高。

根據韋氏（Merriam-Webster）字典，信念（Faith）的意思是「堅信某個毫無證據的事物」。信念甚至是比信任（Trust）本身更具勇氣的一種形式。

・層面一：盡量倡導自主排程

公司及其管理階層很容易有以下的感覺：一旦讓員工擁有彈性，員工就會變得快樂。然而，不要把彈性和自主混為一談。自主是公司交由員工及其主管來決定其眼中最適合的行程。

對於授予主管階層的自主權，公司應該多加試驗。自主權太過下放到基層，團隊可能會錯失了跟別人合作的機會，因為對方主管安排的辦公室上班日，可能是其他天。這樣一來，辦公室上班日的目標制定，例如限制虛擬會議，就會變得特別困難。

所謂的自主排程，就是領導者可以自由讓員工在生活和工作量之間取得最佳的平衡。柯琳・克里諾也許會對你說，晨泳的價值相當於十個冥想應用程式。因為她公司的執行長強調整個組織要落實健康和自我照顧的文化，所以她不假思索就安排在早上九點到十點的時段游泳。她用其他方法來彌補這一小時，而因為她做了一些運動，並且覺得公司支持她投入有益健康的活動，所以那一天的其餘時間，她的生產力高出許多。

另一方面，我跟某位女性聊過，她在公司是資歷長達

二十年的資深員工，該公司在新冠肺炎疫情之前，長久以來都採用彈性行程，成效十分斐然。前陣子，該公司請員工每星期進辦公室上班兩到三天，還規定哪些天要進辦公室，這項新措施的行程安排，讓她比以前更受到限制，至少辦公室上班日的選擇是如此，而公司也沒有告知明確的理由。

亞利桑那大學管理學教授艾莉森·賈伯列（Allison Gabriel）研究的主題是職場上的「復原的科學」。所謂的復原，意思是讓辛苦工作一天後失去的個人資源，都恢復原樣。她的研究概述了心理抽離對復原的重要性，但從事遠距工作的話，會比以前更難做到心理抽離。在制定復原的規範上，主管扮演的角色很重要，而這件事要由主管自行決定。主管及其員工應該能夠把上班日打造成滿足工作需求和復原需求。

《數位幸福學》（*The Future of Happiness*）暢銷書作者暨數位健康專家艾美·布蘭克森（Amy Blankson）強調，我們利用復原時間的方式十分重要。在一天之中，大家都擁有神聖空間和神聖時間，也就是說，我們做的那些事情，或投入那些事情的時間，會讓我們覺得更快樂、更圓

滿，例如送小孩上學，或者暫時停下工作，跨出門外，欣賞日落。主管最清楚團隊的神聖時間和神聖空間，要是主管可以自主安排彈性的工作行程，就能夠為了生活中的神聖事物騰出空檔，安排行程。自主排程會變成強大的交流工具。

蘇珊・索博特建議，領導者要記住，儘管在歷史上，遠距工作向來斷斷續續，但是工作世界正在面對巨大的轉變。所有的規範和最佳做法還在成形中。領導者應該要考慮到，辦公室的工作時間並沒有「一體適用」的解決方案。前往工作場所上班，就是要花時間通勤，要穿上專業服裝，要遵守更固定的行程，要使用特定的工具，要訂定時間來進行已規劃及未規劃的面對面互動。蘇珊認為，那些事情不是每天都要做到。要求對方來辦公室上班，讓對方不得不投入浪費時間的活動，像這樣提出降低效率的要求，卻不解釋為何要來辦公室，毫無道理可言。如果你的公司選擇採用混合型工作模式，也就是幾天在辦公室上班、幾天在家裡上班，那就務必要讓辦公室上班日值得花費時間和心力去做。

湯瑪斯國際公司執行長薩比・吉爾做出決定，他的公

司不會要求人員回來辦公室上班。在人員的工作地點上，他其實輕鬆看待，畢竟要吸引全球各地的一流人才，彈性正是關鍵所在。他認為，多元的環境可以鼓勵多元的思考和創新。你需要在你和團隊之間，找出雙方適用又適當的平衡點，沒有一種做法能面面俱到。雖然他倡導遠距工作，卻也意識到自己跟團隊間的社交互動和親自交流十分重要，所以會讓領導團隊經常相聚。

・層面二：關心第一，不方便是其次

　　許多人都收過這樣的訊息：「小孩的托兒所打電話過來，我要去接小孩，接下來的三場視訊會議，我沒辦法參加。」在新冠肺炎疫情之前，對於有工作的家長來說，這種事並不常見，因為小孩要是生病了，家長多半不會來上班。不過，在疫情期間，小孩生病會讓上班的情況變得斷斷續續，員工可能在靜音狀態下，試著投入其中並加入視訊會議，但是你很清楚，員工在背後忙小孩的事。主管很容易感到灰心喪氣，畢竟工作必須完成才行。

　　我跟阿內莉・伯薩（Anele Botha）談過，她在南非從事遠距工作，所屬團隊分散在全球各地。她表示，當她的

四歲女兒有需求而打斷她的時候，直屬主管和同事都把她當成人而好好對待，她認為這是莫大的改變。如果她需要更多時間完成事情，大家都不會表現出煩躁或不耐的樣子，對於她在視訊會議螢幕後面的生活，都很有同理心，甚至還會問她，有沒有地方需要幫忙？她解釋說：「我們會在辦公室戴上工作帽，但除此之外，我們都是普通人。」當職場同事理解她的這個部分，便讓她覺得自己受到支持，不會感到壓力大又內疚。阿內莉在我面前談到自己得到很大程度的支持時，顯得神采奕奕。

　　員工有私人需求，卻覺得不被信任，這時會感到特別空虛。我第一次遠距工作是在 2009 年，我們要帶著兩個學步期的小孩前往西班牙拜訪我丈夫的家人，我請公司讓我在國外工作兩週，這樣我就能陪在小孩身邊。我答應公司，我會有網路，我的手機也會有國際通話方案（費用都由我自行支付），方便我遠距工作。我們在距離家人住處有一段距離的地方，租了一間公寓，方便我每天下午三點到午夜工作，相當於紐約時間早上九點到下午六點。對我來說，這個行程安排十分辛苦，因為我早上要當全職媽媽，傍晚和晚上要當全職員工。

當時，遠距工作很罕見，所以「讓我在國外工作兩週」的決策上報給好幾個階層的主管。雖然我的請求獲得許可，但那仍然是個令人為難的請求。出發的前一天，即將接管我們團隊的另一位主管，請我去她的辦公室談一下。她想要說清楚，我以後再也不能採用這種工作方式，不應該習以為常。我離開她辦公室的時候，覺得自己還沒開始遠距工作，就已經先失敗了。她和我以前從來沒有一起共事過，我們的工作關係才剛開始。那次談完以後，我覺得自己和她之間的信任之門已經砰的一聲關上。

接下來兩週，我按照雙方同意的行程，在西班牙遠距工作。專案的進度準時完成，我參加會議，透過 Skype 進行簡報，甚至為了團隊所開出的一個職位，開始面試一些求職者。在那兩週期間，我過著兩種生活，是正在度假的媽媽，也是公司的行銷總監，在這種特殊待遇下，我筋疲力盡。

雖然我覺得自己成功控管時間並繼續工作，但是我從沒收到任何正面的回饋反應。對於我提出的請求，公司不想答應，卻也不敢回絕。所以我被捲入到公司左右為難的態度，結果害自己有了內疚感。

我背負這股內疚感，努力工作來證明自己是優秀人才，但我的努力卻得不到認可，所以對於這個在其他方面都很不錯、任職將近十年的公司，我的敬業感和忠誠感都大幅降低。信任帳戶的餘額已經是負數，我一想到要繼續替那家公司和那位領導者工作，就感到空虛不已。從國外工作回來後，我就辭職了。雖然離職的背後還有其他因素，但是那位新上任的領導者從第一天起就不相信我，讓我更容易做出離職的決定。我的經驗並非獨一無二，當員工覺得你不信任他們，不僅會變得不敬業，也會覺得空虛。空虛的人只做得出空洞的工作成果。領導者需要翻轉信任帳本，尤其是對待遠距員工的時候。

·層面三：培養具心理安全感的文化（及培養公司文化）

心理安全感已經成為熱門的概念。所謂的心理安全感，是指團隊成員有能力冒險犯錯，而且不會因此受到懲處，也就是要打造出「所有想法都被接納，沒有想法會被嘲笑」的環境。你的團隊有了那樣的安全感，就會放鬆下來，對於他們做的事情也能樂在其中。他們會知道，你相信他們在大局中會獲得成功。

在遠距工作的話題上，也許沒有什麼比文化更會造成過度的擔憂。如果我們沒有面對面一起工作，難道不會失去我們的文化嗎？第七章提到的萊絲莉・卡路瑟斯，她雇用及評估員工，是以價值觀和文化契合度為基準，在我看來，這個例子恰好說明遠距工作和分散式工作不一定代表了文化的死亡喪鐘。

同樣的，10up 網路公司的蓋伯・卡普也強調，我們怪罪在不正確的罪魁禍首上，過去幾年，公司文化變糟，其實是因為疫情，而不是遠距工作。10up 公司跟所有公司一樣，在過去幾年都承受公司文化衰退之苦，但早在疫情之前，這家公司就已經採用全遠距的工作模式，公司文化十分穩固。蓋伯很清楚，公司文化會再度強盛起來。

蓋伯在我面前解釋說：「要在遠距環境下建立文化，就要有意為之。」10up 公司建立的文化，讓人們很容易向外聯繫，例如：隨時都能使用 Zoom，跟別人簡短聊一下；使用 Slack 即時通訊軟體，創造交流的機會；專案是由四至十二人組成的小型團隊負責，小型團隊的作用近乎微型社群，每個人都要專注讓某一項專案獲得成功。

Froneri 冰淇淋公司的波蘭暨中歐行銷總監艾格妮絲

卡·齊斯洛（Agnieszka Cisło）認為，遠距工作的現實在於，不同世代的許多人都覺得，心理上沒有安全感是由遠距工作造成的。遠距工作會帶來不確定感，唯有成熟又有自信的人才能自在應對。

年輕勞工在職涯初期對於將來可能會充滿焦慮，而從事遠距工作就會缺乏職場上的支援，讓人變得焦躁不安；年長勞工習慣一整層樓的小隔間裡都有人在工作，並且習慣這種情況帶來的權威感，所以要是他從事遠距工作，可能就得跟內心的不安感纏鬥，甚至看見辦公室裡沒人上班，就覺得有損自己的地位。

要奠定信任，就需要坦誠以對；但要坦誠以對，就需要奠定信任。這一不小心就會變成惡性循環，讓人永遠無法真正把工作做好。所以，你打造出的環境務必要讓人擁有心理安全感，讓員工可以安心訴說，而你會細心聆聽。最重要的一點是，要確定員工真的知道你把他的話聽進去了。當你展現尊重的態度，員工就會回以信任，像珍妮特和我父親那樣。

·層面四：委派工作並保持距離

當你做到這一點，就隱含著以下的訊息：你不用參與細節，就會相信對方能夠達成任務。這種做法跟什麼小事都要管的「微觀管理」恰好相反。當你在遠距管理人員時，會很想管得更緊，因為你會覺得自己比較看不到工作的過程。建議你抗拒那股衝動，實際上要採取相反的做法，把一件有挑戰性的任務交給員工處理，接著往後退一步，看看員工做了什麼。

我這麼做的時候，會跟對方說，我把你放在「熱鍋」上。要是你事先詢問他們，當然沒人會準備好被放在熱鍋上，但無論如何你還是要這麼做，並且要說你相信他們。你的信念會奠定員工的自信心，而有自信心的員工最後會把更優異、更有創意的工作成果，帶到你的眼前。然而，如果你永遠不讓他們自行處理，就算後來真的能奠定員工的自信心，也要耗費更長的時間。近藤麻理惠提到的業務員麗莎的故事，正是讓大家從中學到這一課。主管相信麗莎會做出成果，於是麗莎就做出成果。

一開始，被我放在熱鍋上的那些員工，會希望我去參加他們的每一場會議，而且員工都會把我列為每封電子郵

218

件的副本收件者。我跟員工不會在辦公室碰到面，所以員工十分堅持這種做法。員工這麼做，是要呈報現況的每一個細節，確保我注意到他們可能有哪些地方處理不當。然而，我謝絕開會，並且溫和地提醒員工，他們不需要我。我相信員工會做出正確的決定，如果員工做錯決定，我相信他們會從經驗中學習，技能和領導力都會大幅提升。

交由員工自行應付棘手的工作，然後往後退一步，正好可以用來證明你相信員工的技能和潛力，員工也有機會在他們能做的事情上面建立自信心。

·層面五：向資深人士讚揚員工

不要在無意間把員工隱藏起來，尤其不要這樣對待混合型或遠距工作的員工，否則他們會覺得自己像是隱形人。我說的「隱藏」到底是什麼意思呢？如果領導者不熟悉員工的工作內容，也不確定該怎麼介紹，那麼領導者在跟更資深的領導者對談時，往往就會掩蓋或忽視員工的工作。也許是時間有限的緣故，也許是領導者永遠不會把沒那麼了解的工作列入有待討論的優先話題清單。問題也有可能是因為他覺得員工太過資淺，或者資深高階主管還不

認識員工，或對員工在專案中扮演的角色感到不舒服。

為什麼領導者會把員工隱藏起來？這有很多原因，注重階級的公司特別容易隱藏員工，而員工成為遠距同事以後，就會實際上被隱藏起來，或覺得自己被隱藏起來，因而地位特別脆弱。

請盡力去了解員工——尤其是遠距工作者——的工作內容，還要確保關鍵的利害關係人都知道該讚許誰達到優異的工作成果。我剛才說過，要委派工作並往後退一步，那麼你該怎麼做呢？要經常詳細詢問（可為此進行一對一談話），提出好問題。此外，你也可以讓員工跟你一起參加會議，而如果合適的話，甚至可以讓員工代替你開會。請你相信，資淺的員工跟高階主管開會時會有良好的表現。我太常看見主管不寬待那些未經打磨又不完美的資淺員工，但要奠定信念，就需要寬容的態度。

· 針對「增進信任」的五個破冰問句：

1. 在職場上，是什麼會讓你覺得很受信任？你覺得自己很受信任嗎？

2. 這個星期有沒有任何一項成就，是你希望我一定

要知道的？

3. 在你看來，有沒有任何一件事是我應該向高階主管強調的？

4. 對於某專案，你覺得自己的自信心有多高？我能夠提供什麼幫助？

5. 為了更有效地把工作委派給你，你覺得我該怎麼做？

領導行為藍圖四：
劃定界線

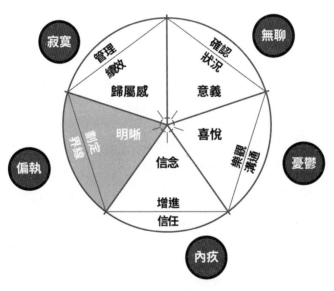

這份領導行為藍圖是要幫助你透過「明晰」來聯繫關係，藉此控管團隊的「偏執」感。

這些年來，我的下屬全都面對過人生中的關鍵時刻，而我總是把人看得比工作還要重要。舉例來說，曾經有一位女下屬因為父親生了重病，便要求遠距工作，好讓她有更多時間陪伴父親。這個問題其實只有一個答案，但就算是在那種辛苦的狀況下，還是要劃定界線，把內心的期望明確表達出來。偏執是雙方面的，身為領導者的你在帶領遠距工作者時，可能會擔心他們實際上沒有在工作。當員工要照顧重病的家人，而你的腦海卻浮現前述的想法時，會讓你覺得自己好像排錯了優先事項，並且感到相當不舒服，所以，劃定明確的界線會有所幫助。終歸到底，身為領導者的你，還是要為工作負起責任。

以前，遠距工作還沒有那麼普遍，我們在界線方面碰到的難題是跟迴避公司政策有關，而且令人不舒服。在新近的遠距工作時代，我們碰到的難題是跟政策迴避我們有關。這裡的意思是，當我們有工具可以在家工作，就變得不分日夜且時時刻刻都在工作。也就是說，我們經常覺得自己應該不分日夜且時時刻刻都可以工作。根據研究顯示，遠距員工之所以工作時間較長，是因為原本用在通勤上的時間，現在改用在工作上。要是把通勤時間用在運動

上，或者花時間跟家人相處，那就太好了，但實際情況往往不是這樣。

遠距聘用科技新創公司 Growmotely 的莎拉・霍利表示，遠距型和混合型領導者要獲得成功，就需要具備「自我探索的技能」。在大規模的遠距工作出現以前，界線是為我們而劃下的，比如我們坐的位置、上下班時間，甚至是午餐時間和休息時間，這些全都是事先規定好的。現在，員工有機會選定住家工作空間，有機會管理自己的行程。對員工和領導者來說，這個機會帶來的自由度，反而可能會難以招架。

領導者要是善於「自我探索」，就能夠區分現在的重要事物和以前的重要事物，並且更懂得設下合理的界線。這種領導者會自在地放手，讓員工自行做出一些決定，還會帶領員工應對其餘的優先事項。莎拉表示，整體上，我們必須重新調整自己，放下以前的工作方式。我們的性格形成時期都是待在學校裡，所以在權威人士的面前，習慣以團體形式運作、出席並負責。那種舊習從千禧世代開始逐漸瓦解，並且在疫情期間廣泛地加速瓦解。現在有工作的成人所期望的自主程度，在十年前可能甚至是前所未聞

的。領導者必須明白，他們應當在工作上劃定權威界線，不該在工作者上劃定權威界線。

　　ekaterra 茶葉公司曾經是聯合利華公司（Unilever）旗下的事業，我曾與該公司總裁樂芮‧米勒（Laraine Miller）聊過，她認為劃定界線很重要。母公司推出夏季週五上半天班的制度，而樂芮讓她的團隊一整年都是週五上半天班。在疫情的高峰期，ekaterra 公司還在星期三下午騰出兩小時的「不開會」時段，並且鼓勵員工利用這個時段去做那些需要離線做的事情，比如運動、見朋友、去學校接小孩。樂芮和她的團隊決定繼續落實這項措施，因為這項措施有助於「讓人理智一點」。

　　她很清楚，大家很容易過勞，而對她來說，這類確立的界線可以幫助員工喘口氣，而且每個人的確都想要休息一下。這類措施成為其組織文化的一部分，而大家都知道，星期三下午或星期五下午不該安排工作。雖說如此，她很感謝聯合利華公司的做法，讓她這樣的事業單位總裁享有充分的自主權，可以試試不一樣的行程安排，測試並學習，微調到合適的程度。

汲取「明晰」

我們在第五章提過,明晰是用來對抗偏執的。在「劃定界線」藍圖的基礎上,要是有了明晰的掌握,員工就會懂得怎麼跟其他團隊合作,還可以確保員工在落實高品質工作的同時,能夠掌握他們所需的全部資訊。界線會幫助員工在公平競爭的環境下跟同事合作,並確保工作公平分配給整個團隊;也就是在辦公室工作和遠距工作的成員都獲得公平的分配。

劃定明晰的界線,就是針對不明確的角色和職責,以及複雜的矩陣型組織,把面紗給掀開來。不過,就算你是以個人創業者的身分工作並帶領一個專案團隊,角色的明晰還是同樣重要。

・層面一:讓你的團隊可以非同步工作

根據 remote.com 所下的定義,非同步工作是「一種團隊工作方式,團隊裡的全體成員不用同時在線上工作」。那些遠距優先的公司都認為,要兼具協作和彈性,非同步工作是關鍵的手段,所以往往會對非同步工作多所讚揚。要做到非同步工作,需要採用精密的工具,而且公

司文化要落實及倡導非同步工作。非同步工作十分仰賴文件化，因此有助於提供明晰的工作進度，而且是以分鐘為單位。知道的人都會稱之為「非同步」（a-sync）。

我從來沒有為遠距優先的公司工作過，我是為了寫這本書而進行背景研究，才首次聽到「非同步」這個名詞。我一知道「非同步」的意思，就發現原來自己從事非同步工作已經五年了！不過，我以前不知道「非同步」的意思，加上遠距優先的工作方法不是我所屬公司的文化，所以我以為自己要是在特殊的時間工作，就是在迴避自己的職責。

舉例來說，我的分散式團隊多半都在英國，他們離線的時間是我這裡的午餐時間。中午，我會利用幾小時的空檔去遛狗、運動或自行料理午餐；晚上，我不用上線跟別人一起工作，所以我會專心在辦公桌前完成工作。對於這樣利用時間，我向來都覺得不太好，因為我被制約了，一直以為工作就是該朝九晚五。然而，非同步工作並不是朝九晚五，界線截然不同（而且更適合我！）。

在我看來，非同步工作好比是一種空中鞦韆表演，兩位空中藝人在兩個鞦韆上，一人往外盪，一人往內盪，最

後其中一人在空中翻觔斗，抓住另一個鞦韆上面的空中藝人的前臂。放手後、抓住前的那一刻，驚險得令人屏息。那位跳躍的空中藝人沒有任何東西的支撐，卻在空中篤定地朝另一個鞦韆跳過去，確信對方會好好接住她。

當你跟對方有八小時的時差，卻要一起製作 PowerPoint 簡報，此情況就好比在空中朝另一個鞦韆飛過去，這種說法或許太過誇大，但同樣都是用來比喻你相信對方。非同步工作時，你很清楚到了該離線下班的時候，可以把工作放下，而對方會接手處理。

如果你沒準備好這類工具，也可以在雲端共用檔案，例如使用 Sharepoint 與即時訊息平臺（如 Slack）。過去五年，我使用的是 Microsoft Teams，在使用的時候，非同步工作變得容易許多。舉例來說，我在 Outlook 裡的當天會議，也會以公開串文的形式，出現在 Teams 裡的聊天室，而且我什麼都不用做，會議資訊就會出現在那裡。開會時間在我的時區是凌晨三點，我還是會接受會議，因為我很清楚，等我醒來就會看到會議的聊天紀錄，當中有與會者的意見，而會議中分享的紀錄和文件，都會貼在公開的串文裡。早上，我可以一邊喝咖啡，一邊參與那場在我睡著

時舉辦的會議，而我很容易就可以對會議主持人或與會者進行後續追蹤，因為 Teams 會向我顯示會議中有誰。每當有人上線並清晰說明專案狀態，非同步工作文件就會推動專案繼續進行。

如果是你負責主持會議，就算沒人要求你錄製會議，我也會建議你把「錄製」設成自動。會議開始後，就會出現一則通知，讓每個人都知道這場會議會被錄製下來。也許有個利害關係人的所在時區跟你不一樣，也許有人還同時預約另一場會議，他想參與會議主題，卻沒辦法跟別人一起加入即時會議。

跨越時區非同步工作時，基本禮儀往往會派上用場。聯想公司的湯瑪斯・錢尼住在美國，他跟一位住在中國的同事一起工作，對方很年輕，是有小孩的年輕家庭，他之所以知道，是因為在遠距通話期間，他聽到背景傳來她家人的聲音。他安排的會議時間，會努力配合她的生活節奏，不太早也不太晚，不會按照他自己的生活節奏。

若要落實非同步工作，也就代表要仰賴同事在位於其他地點的總部或團隊離線下班後，利用其他要務之間的空檔完成工作。

瓦倫緹娜・索納針對非同步工作提出忠告：非同步工作非常仰賴那些善於書寫及文件記錄的人員。GitLab 軟體公司的遠距主管戴倫・莫夫，被金氏世界紀錄認證為最多產的部落客，他在媒體上發布的文字超過一千萬字，而這件事絕非偶然。戴倫真的很擅長非同步的工作模式，他花了多年時間，把這種工作方式調整到完美程度。

然而，要是太過指望自己的職場能調整到適合非同步工作，那麼那些沒達到金氏世界紀錄多產程度的勞工，或是不想採用這種工作方式的勞工，就有可能會覺得格格不入，進而損及多元文化。

・層面二：落實「溝通的耐心」

當我們探求的是明晰，對於自己提出的問題，就會立刻想知道答案。這種「追求明晰」的心態會在你的團隊創造出二十四小時全年無休的文化，團隊裡的每一位成員都會被制約，無論日夜都要隨時查看訊息，免得對方期望自己回覆訊息。你不會希望團隊出現這種文化，因為成員很快就會身心倦怠。

我常常對在英國的團隊說，如果他們在英國時間晚上

六點，看到我寄來的電子郵件或即時訊息，我不會期望他們立刻回覆，請隔天再回覆。

2018 年，微軟公司在 Outlook 推出旗標功能，當你在收件者的非工作時段即將按下傳送時，旗標就會出現在訊息的頂端：「你即將在收件者的非工作時段傳送這封電子郵件。」這些提醒文字的旁邊有個按鈕，可以讓你排定傳送時間。我使用排程按鈕的次數還不夠多，但這是我想要養成的習慣，而有了科技，排程變得非常容易。無論你有沒有使用這項技術，你肯定會想向團隊傳達，他們在非工作時間不用回覆訊息。

湯瑪斯・錢尼的團隊分散在世界各地，他表示，有時他在午夜結束通話，然後發現某個人提出的會議邀請函寫著早上七點半開會。他建議，在不同時區工作的人們，最好要像機長那樣，可以設定時段封鎖，這樣一來，某些時段的會議就不能預約。

你跟空中藝人一樣，都必須相信對方在合適的時間就會回覆你。而你要有明晰的掌握，就必須耐心等待，還要教導團隊仿效合適的行為，耐心應對。有時會有最後期限要趕，但是，大部分的人都不是心臟外科醫師，也不是人

質談判專家，只要不是搶救人命的事情，都可以等待。請讓溝通的耐心成為你領導風格的一部分，並且內建到你的文化裡，這樣一來，溝通的耐心很快就會成為常態，就像 ekaterra 公司的星期三下午那樣。

· 層面三：過度溝通，然後再次溝通

組織行為學是我最喜愛的商學院課程，就讀耶魯大學管理學院期間，我修了已故教授西格爾·巴薩德的管理組織課程。最後一天，我記得她一上課就在教室裡走來走去，一遍又一遍說著「溝通」二字；她是真的一遍又一遍地說，「溝通」二字應該重複說了一百遍吧，然後才停下來。她說了大約三十遍的時候，我們全班都面面相覷，想著她什麼時候會停下來，但她一直複述著。

不過，二十年後，在這裡的我，卻覺得那是我在商學院期間記得最清楚的其中一課。你需要的溝通程度，是你以為的一百倍之多。我往往會猜想著，我是否應該把副本寄送給某個人？我是否應該傳送電子郵件？我是否應該簡短聊一下？這些問題的答案是肯定的，一旦心有疑慮，就要溝通。只要以專業人士的方式溝通，就永遠不會對溝通

感到後悔，而你和團隊都會受惠於溝通帶來的明晰。

·層面四：要人們負起責任

不管你是不是獨立工作，並且雇用世界另一端的某個人或管理分散式團隊，你的下屬或同事都要有明晰的掌握，清楚知道他們該負的責任。

要是你以遠距團隊的身分接下專案，卻不明確記錄誰該為專案中的哪件工作負責，聲稱員工不知道或不了解他們要負責某件事，那就像是在玩《大富翁》並打出一張免費出獄卡那樣。承擔責任的情況必須定期記錄下來，並且進行後續追蹤。

團隊要是不常待在辦公室，就很少有顯而易見的當責（accountability）情況（亦即你確實看見某個人在處理某件事），或者根本沒有。由此可見，你需要更明確地闡述里程碑，並且決定各個階段的當責。那是分析的一部分嗎？那是顧客訪談的資料解析嗎？請決定當責制度下的具體產出，以及產出應該在何時交付，這些事情一定要成為文件化過程的核心部分，而且，要是你進行更多的非同步工作，就更要做到這一點。

‧層面五：教導你的團隊說「沒辦法」，或至少要能說「現在沒辦法」

若我們被自己的偏執給壓倒，並且擔心著「被無視及遺忘」的情況，那麼主管為了做某件事、為了參與某件事而提出的每一個要求，就會如同海妖唱的迷惑人心的歌曲那般，不斷呼喚著我們，而我們很容易對每一件事都說「沒問題」，但我們真的不能什麼事都答應。一天要做的事情，很快就會變成三倍之多，同時還要在我們決定參加的某一場會議中一心多用。許多遠距員工會掉入「沒問題」的陷阱，因為答應別人，就會覺得自己更有存在感、更有能見度、更不會被遺忘。

你需要允許團隊說「沒辦法」，並讓他們有信心說這句話；你還要讓團隊知道，就算他們說「沒辦法」，也不會被遺忘，以便讓團隊安心。請提醒團隊，要明確設立團隊的目標，以及團隊需要做出的成果。要是團隊一整天都排滿會議，就可能會績效不佳。

雖然團隊需要你的「肌肉」來控制工作量，但若制定的政策有可能造成意外的結果，就要格外審慎。當時在花旗集團（Citigroup）從事產品開發的維朗‧帕泰爾（Virang

Patel）對我說，他一天通常會收到四百封電子郵件，參加多達十場會議。待在家中，坐在桌前處理會議，這種做法讓他能夠在會議和電子郵件之間切換。比起待在辦公室，待在家中反而一整天都更能順利掌握情況。新冠肺炎疫情期間，視訊會議開個沒完，引發倦怠感，而為了努力抑制這股倦怠，花旗銀行執行長范潔恩（Jane Fraser）制定「週五零視訊」（Zoom-free Fridays）的政策。不過，對維朗來說，這表示以前週五開的會議都要改在週四開，週四變成了惡夢。花旗銀行執行長要員工對週五會議說「沒辦法」，反倒造成週四會議大塞車。

· **針對「劃定界線」的五個破冰問句：**

1. 你目前的行程是否明顯合乎你的目標？
2. 你正在處理的專案當中，有沒有任何項目需要在公司內部進行更多溝通？
3. 你離線下班後，團隊裡的其他成員能不能繼續處理工作？我們該怎麼改善？
4. 你有哪一件事情可以不要再繼續做？
5. 當責的人是誰？他們有沒有做出成果？

領導行為藍圖五：
管理績效

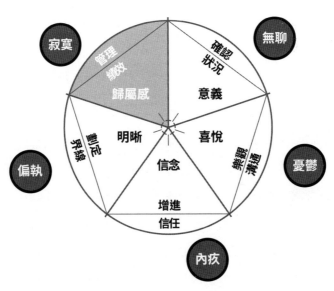

這份領導行為藍圖是要幫助你透過「歸屬感」來聯繫關係，藉此控管團隊的「寂寞」感。

從事遠距工作時，管理績效是每一位領導者都會擔心的事情。員工真的在工作嗎？有人離線兩小時，而你在猜想著原因嗎？你會不會查看員工姓名旁邊的狀態小泡泡是綠色還是淡黃色？那個狀態持續了多久？

　　不過，除了把事情完成以外，績效管理還有另一面。當你還是學童時，有沒有參加過體育活動，感受到灌籃、游泳比賽中率先摸到泳池牆壁、完成長跑、滑向本壘、發球得分或進球得分帶來的興奮感？無論是出色的學業成績、課外活動的里程碑，還是你可以得意說出「我做到了！」的任何時刻，都會帶來興奮感。那些時刻之所以如此重要，是因為我們的親朋好友所做出的反應，他們共享著我們的雀躍感，並且以我們為榮。我們以團隊成員的身分達成某件事，或別人親眼看見我們達成某件事，就會獲得歸屬感，此時就是人生中的美好時刻。

　　以「領導行為藍圖五：管理績效」而言，歸屬感來自於達成某件事所帶來的愉快感，還有它帶給我們的感受，而我們在團隊、小組或團體裡，以成員的身分在做事情的時候，特別會有歸屬感。歸屬感有一大部分來自於自己被他人看到的經驗。我們從事遠距工作時，很少會被他人真

正看到。不過，我們達成某件事以後，就會變得顯眼，並且融入團隊之中。

心理學家暨《情緒靈敏力》（*Emotional Agility*）暢銷書作者蘇珊・大衛（Susan David）生於南非，她在 TED 發表演講時，一開始就用傳統的祖魯話跟聽眾打招呼：Sawubona；其字面意思是「我看見你」，尤其是看見你代表的一切，比如你的價值觀、你的熱忱、你的經驗，甚至是你的將來。我特別喜歡你要回應的句子：Shiboka；其意思是「我的存在是為了你」。

績效的核心，就是把事情完成。為彼此而存在，並看見彼此的成果。

汲取「歸屬感」

遠距工作的支持者會說，管理績效的重點不在於工作完成的地點與時間，重點在於衡量產出狀況。所以理論上，人員從事遠距工作，你應該會比較容易管理績效，因為你只要考量一件事：產出。以下幾種衡量績效的方法可以幫助員工感受到他們的產出被他人看到，同時讓員工更有歸屬感。

·層面一：強調成就和傳聞

你看見員工做的工作，就等於看見了員工。如果你很難記得員工做的每一件事，請別擔心。主管有很多事情要處理，管理大型團隊的主管尤其忙碌。視訊會議前，請花十分鐘稍微準備一下，快速寫下一些筆記。如果需要讓自己回想起來，請瀏覽電子郵件和即時訊息。查看你的日誌，你們之前有沒有一起參加過專案會議？他們在那場會議做了什麼？參加會議的人有誰？絕對有一件事情是你會想提到的。

還有一件事可以加強歸屬感，那就是把組織裡的其他人（尤其是領導者）對於員工正在做的事情而向你提出的看法，都告訴員工。就算是有建設性的看法（例如：「要是能更了解投資報酬率，那就太好了。」），還是可以證明你和別人都看見那位員工的努力，並且對方關心到會針對那位員工的工作提出回饋反應。

遠距工作有別於每個人以前習慣的工作模式，讓人感到陌生，而像這樣跨出一步，就能特別強化公司文化的歸屬感。力拓集團（Rio Tinto）東京分公司的公關專家珍妮佛·坂口（Jennifer Sakaguchi）向我解釋，在文化上，日

本分公司注重面對面的工作。在新冠肺炎疫情前，日本分公司會期望員工在主管下班回家前都待在辦公室工作，就算沒有事情可以做，也要坐在辦公室裡。面對面的工作十分重要，會影響到公司對員工的看法，甚至比生產力更重要。現今，遠距工作在日本已經更為普遍，珍妮佛覺得遠距工作不會就此消失。她安排的會議場次多過於她的需求，以便她能看到人們，而且她也盡量努力出外勤。

要有所成就，其中一個重要因素就是管理工作量。請時常詢問對方有沒有足夠的工作量可以做，由於雙方不是在辦公大樓裡一起工作，你就特別難注意到工作量。如果你發現員工的產出速度變慢，很容易認為員工沒有付出時間心力，但其實是員工的工作流程變慢，或者員工完成工作的速度比較快。解決辦法很簡單，請你指派更多工作！在你貿然斷定員工的生產力降低以前，一定要先評估員工的工作量。除了明顯重要的生產力外，我們需要建立穩固的工作流程，好讓我們覺得自己對團隊來說很重要，覺得我們有歸屬感。

·層面二：衡量每件事；哪件事列入衡量，人員就會達成 那件事

這句箴言要感謝管理大師彼得·杜拉克（Peter Drucker）。我以前的主管說過類似的話：「定下數字，就會專心一志。」如果我叫你出門做一些運動，你可能會在附近走個五分鐘了事。你的例行運動可能每天都不太一樣，而不一樣的程度會讓你無法針對每天的改善幅度進行精確的比較。不過，如果我叫你每天做五十個伏地挺身，那你就會去計算次數，確切掌握每天的運動量。知道自己做運動的次數，還有一個更好的優點，那就是明天來臨時，你會野心勃勃，很想超越前一天做的次數。「衡量」具有莫大的激勵作用。

我跟某位灰心喪氣的主管談過，他有一位下屬就是無法把工作完成。他對我說，對方遲到又早退（當年，員工多半都在辦公室工作）。那位員工在辦公室的時候，好像永遠都不在座位上。這位主管很惱火，他很想知道員工到底一整天都在哪裡、做了什麼事，但是這位主管的擔心放錯重點了。

為了找出問題的根本原因，我查探了一番，結果發現

那位員工沒有一個可衡量的目標。對方負責新計畫的創立，但成果卻是一片空白。主管指示那位員工推出新計畫，卻只有寄一封電子郵件宣布要提出計畫。然後呢？

我們談到要定下每個月的目標，我建議這位主管每週都跟那位員工開會。請製作文件，列出每個月的目標並附上空白方框，員工要把績效資料填進空白方框。在一對一的週會時，績效對話的重點應該是圖表上面的數字，不該是完成工作的地點和時間。數字增加，就表示員工正在完成工作。看見績效的數據點，有一項好處，那就是成功（或辛苦）是毫無疑問的。員工看見自己做的事情導致數據點上升，會因此自信心大增。

在這裡說出這樣的話，可能太過基本，但是新任主管和不熟悉遠距工作的主管都會擔心「我的員工在哪裡？」，會六神無主，忘了衡量準則還沒就位，無法討論績效。有了衡量準則以後，就可以討論哪些事項要衡量，畢竟列入衡量的事項，就是你想完成的事項。

・層面三：討論疏漏的狀況，以免成為長久的趨勢

繼上一個層面的情境，遠距員工的領導者可能很難提

起員工績效不佳的事。對於績效不佳的員工，最好的做法就是展開對話。員工需要知道績效不佳的事，也需要知道你知道績效不佳的事。

懷著同理心對談，並不是要輕易讓步。一開始，請你假設員工抱持正面意圖，並看看你有多了解員工在那一刻的生活。你不曉得員工肩負著什麼樣的挑戰和個人負擔，也許是重大的挑戰和沉重的負擔。不過，疏漏或許完全是因為工作上的阻礙造成的。展開對話時，請設法了解對方面臨的所有阻礙。

你是否應該把工作上的行程和花費的時間當成潛在的一項阻礙，並且詢問對方？如果你認為員工家裡的事情讓他分心，嚴重影響一整天的表現，損害到員工的成就，那就一定要提起這件事。然而，處理這類的對話時，不可以帶著「抓到了！」的語氣。就像前文提到的情境，要採用衡量準則，這樣始終都能講究事實並注重結果。

在我的團隊，每位成員會在會計年度的開端，定下五項績效目標。他們以一年為期，列出各個目標的關鍵里程碑，預估達成目標的時間，還有幾項（少即是多）量化指標，用來判定是否成功。

我們大多都聽過 SMART 這個縮寫字，它的意思是具體的（Specific）、可衡量的（Measurable）、可達成的（Achievable）、實際可行的（Realistic），以及有時限的（Timely）的目標。在制定目標時，SMART 是很好的準則，因為所有重要的標準都涵蓋在內。

只要制定 SMART 目標並衡量每件事，就比較容易認出疏漏的狀況。只要你們認得出來，就可以開口討論。我認為，使用「疏漏」（slippage）這個詞彙會有所幫助，因為它會帶來心理上的安全感，也比較容易討論工作上哪些地方沒有做好。這個詞彙會讓人覺得這只是短暫的疏忽，以後就會恢復正常。

當然，你會很想知道員工該做的事情有沒有做好，但不要太過焦慮。10up 網路公司的蓋伯‧卡普說，他對生產力毫不在意。你不用去找出績效不佳的狀況，只要你看見好幾輪的回饋反應或專案拖拖拉拉，績效不佳的狀況很快就會變得顯而易見。他建議去找出一些顯眼的跡象；跡象就在那裡，等著人們發覺。

‧層面四：把工作的產出連結到團隊、部門、公司的願景和使命

你必定聽過這句箴言：「『團隊』當中沒有『小我』的存在。」嗯，「成功」當中也沒有「小我」的存在。跑接力賽，衝過終點線，看見那些跟你一起接力的跑者筋疲力盡的臉孔，此時你可以體會到某種激情，而獨自達到的成功，卻少了那份激情。我的團隊曾經重新推出一個全球網站，程式元素要從舊的程式庫移轉到新的程式庫，必須全天候不停監控網站的穩定性。

將近清晨四點時，終於宣告網站全面移轉且穩定運作，工作終於完成，大家懷著雀躍的心和革命情緒，傳著即時訊息，我永遠忘不了那幅情景。假如沒有人可以共享我們的感受，只剩下自己和倦怠的心情，那一刻會多麼令人洩氣。儘管我們四散在都柏林、亞特蘭大、紐約、新堡，還是好好慶祝一番。

領導者打造的團隊或小組，要能夠只專注於共同達成目標，這樣才能確保工作上有充分的資源，而且大家都一起達成目標。以大型跨國公司的遠距工作來說，小組成員

特別重要。1990 年代初期,湯瑪斯·錢尼是 IBM ThinkPad 開發事務的訂價規劃經理,該開發團隊的員工來自蘇格蘭、澳洲、美國、日本,核心設計團隊在日本,而湯瑪斯認為,該團隊是「完美之島」的一部分。他們的設計專業最為優秀並獲得認可和賞識,而且就算團隊的其餘成員位於其他地方,日本仍然是落實設計的最佳地點。團隊的分散,正是通往成功的途徑。

湯瑪斯認為,國際團隊之所以成功開發出 ThinkPad,正是因為他們相互合作,願意以彼此的優點為立基點。團隊裡的每位成員解決問題的方法各不相同,部分原因就在於文化上的細膩複雜,而湯瑪斯覺得絕佳的想法會因此浮上檯面。關於那次的推出,湯瑪斯想起的是,儘管分散式團隊相隔一段距離,還是具有緊密的凝聚力,共同獲得成功。那是 1990 年代發生的事情,早在今日的雲端運算工具和溝通協作工具出現以前。

協作專家萊絲特·薩德蘭建議,領導者和團隊要利用各種工具與科技,來幫助我們「大聲工作」,也就是讓我們的工作變得顯而易見,這樣一來,就算我們從事遠距工作,別人還是知道我們的工作內容。萊絲特強調,這種做

法跟監控並不相同。有能力「大聲工作」，就可以打造出具有平行生產力（parallel productivity）的環境，團隊能夠更輕鬆地轉換到協作時刻，也更明顯呈現出每個人的工作互有關聯。

舉例來說，Sococo 軟體可以讓員工在虛擬辦公室工作，在線上並肩坐著，並且「看見」彼此在做的事情。員工也可以在 Microsoft Teams 或 Slack 裡更新自己的狀態，聲明他們正在做的事情。這樣一來，如果同事跟某位員工的虛擬桌面目前在做的事情有關，可以順便幫忙或提問。

·層面五：鼓勵人員在公司裡的其他地方尋求導師協助

我有好幾年的時間都待在同一個職位，這段期間是由公司某位資深高階主管擔任導師，她負責的業務領域是我沒有涉入的。雖然她指導我做出職涯決策，並透過最佳方式辨識及填補技能落差，但是她針對我目前的工作而向我提出的問題類型，則是只有溝通方式直白明確的「低語境」（low context）領導者才會提出來的。我向她說明我的工作以及我們達到的成就，藉此練習怎麼跟資深領導者溝通，學習怎麼使用淺白的語言、摒棄縮寫字，採用她這

位資深領導者能夠理解的術語，描繪出我們的成就何以對顧客和公司來說十分重要。

有時，我們不明白自己的成就有多高，等到我們跟某個獨具慧眼的人大聲談論，才會恍然大悟。對方會以全新方法把我們做過的事情與公司的需求連結起來，幫助我們對自身的成就做一番思考。對方學到新東西，感到新奇不已；我們看到對方的反應，變得活力十足。你一整天都在開視訊會議，跟比較熟悉工作的同事並肩作戰，而對方灌輸的全新想法、活力、驚奇感，好比為你打了一劑強心針。此外，與其選擇公司外部的人，不如選擇公司內部的導師，更有助於加強歸屬感，其原因也顯而易見。

· 針對「管理績效」的五個破冰問句：

1. 哪個目標面臨風險？你知道原因嗎？

2. 哪個目標已經達成？我們可以用哪個新目標取代？

3. 你會用何種方式衡量 X？（「X」是指任務或專案。）

4. 誰幫助你達成那個里程碑？採用什麼方式？

5. 公司裡什麼類型的導師對你最有幫助？

情緒就是聯繫的工具

　　我們已經證明，對許多工作來說，就算把工作團隊跟職場環境脫鉤，還是能夠完成工作。更棒的是，我們發現自己這樣做了以後，可以更常陪伴家人，減少通勤的壓力和費用，不像以前是七天有五天要例行通勤。我們得以了解，遠距工作不只是從不同的桌面登入，更是根據非同步的節奏進行調整，透過不同的方式跟領導者和組織溝通，保護職場生活和居家生活之間的界線，更要用心經營我們跟同事和團隊之間的關係。這樣一來，在完成工作的方式和地點上，無論是要採用全遠距還是混合型的遠距模式，公司都會擁有更多的選擇，促使員工的生活品質達到平衡。

　　就其核心，遠距領導力是要運用同理心的工具，來跟

團隊建立緊密的關係。在遠距領導力圓輪的引導下，你多數時候都能夠正確理解遠距員工所抱持的情緒和心態。你讀了第一部分講述五種情緒陷阱的幾章內容以後，現在宛如大字典在手，可以說出好幾種可能的答案來回答以下的大哉問：「你還好嗎？」希望你在一些情境下能看見你自己或員工；希望你讀到那些內容時，會覺得自己被看見、被理解。就算你有了任何的感覺，都是沒問題的；遠距工作的我們，有時就是會有那樣的感覺。請相信，有很多像你這樣的人。

撰寫本書時，我經常想著，在專業環境下，很容易就會逃避情緒，這幾乎已經成為定律。不過，管理學者西格爾·巴薩德經常說，情緒就是資料。情緒會透露重要資訊。她強調，情緒和理性思考不會相互牴觸，大家卻經常理所當然地以為會如此。情緒就是理性的思考。情緒和心態把人際對講機的頻率及頻道賦予我們，我們藉此相互聯繫關係。

提醒各位，情緒就是資料，除此之外，我還要更進一步說，情緒就是工具。我指的當然不是操控的工具，而是聯繫的工具。在情緒的幫助下，我們會相互同理，並且享

有共同的人類經驗。「設計思考」仰賴的是同理心和細心的觀察，如此一來，不但能深入理解顧客的需求，所設計的產品也會帶來優異的價值和體驗。我們的領導力就是我們的產品，而只要發揮同理心，我們就能步上正軌，為下屬創造優異的體驗。

我被診斷罹患癌症時，斷絕了關係的聯繫，因此從中學到一課。遠距工作會讓關係聯繫的斷絕變得容易。當時利用 Zoom 螢幕進行隔絕，看起來好像是絕佳方法，可以處理我身上發生的狀況，結果反倒阻擋我進入職場友人和同事的圈子，而他們原本可以同理我、支持我。如果你是領導者，請謹記在心，員工很容易會把內心的掙扎、創傷，甚至是日常的挫折感給隱藏起來。

雖然分享心事通常很困難，但是唯有分享心事，才會覺得彼此的關係緊密聯繫。關鍵就掌握在領導者的手中，身為領導者的你，應該要敞開心門，表達你願意陪在對方身邊聆聽。為什麼你應該這樣做？因為西格爾・巴薩德也說過，員工不會把他們的人性擱在門口。無論我們想不想贊同這個說法，在螢幕另一端的就是活生生的人。你跟那個人的關係越能緊密聯繫，對方的工作就會做得越好。

GitLab 軟體公司的戴倫・莫夫對我說，領導者一定要知道，「唯有會議室允許大家發揮同理心，同理心才會發揮作用。而 2022 年之後，會議室等同於全世界，無處不在。」

　　我很確定，只要是那種在任何地點都可以完成的工作，那麼不管是什麼領域、什麼職業，遠距工作（無論是全遠距還是混合型遠距）都會成為我們的工作方式。遠距工作帶來的好處太多了，讓人無法就此割捨，而健康和氣候相關問題帶來的干擾，可能變得更頻繁，我們會像疫情期間那樣再度需要從事遠距工作。將來，在企業永續經營方面，遠距工作會是最重要的一大優勢。如果領導者能夠發揮同理心並聯繫關係，遠距工作者就能在工作上表現出最好的一面。

　　如果領導者懂得「聯繫的急迫感」和「溝通的耐心」之間的差異，那就表示在遠距工作的情況下，領導者會花時間去處理重要的事情，也就是那些會帶來意義、喜悅、信念、明晰、歸屬感等的事情。若工作帶來前述的感覺，那麼我們就會想要做得更多，甚至超乎對方的要求；我們很容易就會自動自發地付出努力，創造力和熱忱會源源不

絕。想像一下，由分散式工作團隊經營的企業，要是能帶來前述的感覺，會是怎樣的情景。

將來，我的職涯來到尾聲之際，我只會記得那些人。或許你也會有同樣的感覺。領導力是一種創意的行動，而這種行動打造出的工作體驗，會幫助員工成長、學習、有所成就、獲得成功。我何其榮幸，過去近三十年來，竟然能帶領人們，扮演微不足道的角色，幫助每個人活出心目中的理想事業生活。

在遠距工作的局勢下，我們看待領導力的時候，必須透過以人為主的全新稜鏡。雖然遠距工作會讓偶然的機緣更難出現，但是也會讓「用心」顯得更為重要，而且成果也豐富許多。有些人會以為，置身於同一棟建築物，彼此之間的關係聯繫就會變得更緊密，但正如前文所述，這種想法是謬論。在辦公室工作，有可能多年來都跟對方擦身而過，卻一直不知道對方是誰，我們全都有過這樣的經驗。遠距工作有如在邀請大家多去認識共事者，無論是遠距工作，還是面對面的場合，都要去真正認識對方。

但願身為遠距型和混合型領導者的你能夠大獲成功。只要閱讀第一部分探討的個案研究和行為研究，你就能同

理遠距型和混合型的員工。第二部分的遠距領導行為藍圖則是你的工具，你可以把情緒資料當成指南，據此採取關懷行動。

我認為，在人類的歷史上，現在正是令人極其雀躍的領導時刻。雖然前方面臨重大挑戰，但是我們的獨創力足以應對每一項挑戰。我們只是需要勇敢面對，只是需要發揮人性。

祝你好運！

遠距工作同理心檢驗

◆ 無聊（第 2 章）

當你的員工覺得無聊，或無聊到可以稱為「悶爆」，可能會出現以下的行為：

- 要求你讓他們從事別的工作。
- 詢問你，他們做的事情為什麼重要。
- 允許範疇潛變（scope creep，亦即對每件事都說「好」），以便把新的內容帶到他們的工作。
- 要花更久的時間才能做出工作成果，而你一開始可能會以為這是懶惰造成的。

◆ 憂鬱（第 3 章）

除了開誠布公的對話外，還有一些跡象會顯示員工正在應對某件難事，值得你多加留意：

- 開會時的貢獻程度比以前低。
- 經常表達擔憂或疑慮。

・似乎不願合作。

・工作成果低於平日的水準，而且沒有準時完成。

◆ 內疚（第4章）

在恐懼、內疚、疑慮下，員工（尤其是在家工作時）為了設法讓你相信他們很有價值，可能會出現以下的補償行為：

・員工在下班時間和休假期間，回覆電子郵件。

・員工對自己管理的專案，創造不必要的急迫感，定下不切實際的期限。

・員工覺得有必要解釋自己怎麼運用工作時間和私人時間。

・員工請有薪假（特別休假）去看醫師，或休假沒請完。

◆ 偏執（第5章）

偏執是高壓下的正常反應，有時是起因於遠距工作者覺得不明晰、不平等。請注意員工有沒有出現以下的一些行為：

- 時常懷疑自我價值並覺得自己被排斥。
- 採用一些手段來保有資源，可能會對你或別人隱瞞資訊。
- 時常探問團隊裡其他成員的行蹤和會議。
- 提議或主動跟更多的資深高階主管交流互動，增進親近感。

◆ 寂寞（第6章）

身為主管的你，該如何得知員工正在承受遠距工作引發的寂寞？以下列出一些跡象：

- 在公司裡的私人關係或朋友不多。
- 表現出反生產力的行為，例如會議準備不充分。
- 行動或表情反常，出現壓力跡象。
- 家中有變動，導致寂寞感加深，例如室友、孩子或配偶離家，或者失去家人或寵物。

破冰問句

◆ **領導行為藍圖一：確認狀況**

    1. 你還好嗎？

    2. 這個星期發生的事情當中，有哪件事情讓你感到雀躍不已？

    3. 這個星期，你從顧客身上學到什麼？

    4. 這個星期發生的哪一件事情，讓你覺得自己更朝著事業抱負邁進？

    5. 你現在參與了什麼樣的改變？產生了什麼樣的感覺？

◆ **領導行為藍圖二：樂觀溝通**

    1. 請跟我說說你正在經歷的一項改變，還有那項改變帶給你什麼樣的機會？

    2. 這個星期有什麼地方行不通？你有什麼發現？

    3. 公司有哪件事可以利用一項改變來改善情況？

4. 這個星期裡，有沒有發生什麼團隊應該要讚揚的事情？

5. 這個星期裡，你在職場上或職場外發生的哪件事最有趣？

◆ 領導行為藍圖三：增進信任

1. 在職場上，是什麼會讓你覺得很受信任？你覺得自己很受信任嗎？

2. 這個星期有沒有任何一項成就，是你希望我一定要知道的？

3. 在你看來，有沒有任何一件事是我應該向高階主管強調的？

4. 對於某專案，你覺得自己的自信心有多高？我能夠提供什麼幫助？

5. 為了更有效地把工作委派給你，你覺得我該怎麼做？

◆ 領導行為藍圖四：劃定界線

1. 你目前的行程是否明顯合乎你的目標？

2. 你正在處理的專案當中，有沒有任何項目需要在公司內部進行更多溝通？

3. 你離線下班後，團隊裡的其他成員能不能繼續處理工作？我們該怎麼改善？

4. 你有哪一件事情可以不要再繼續做？

5. 當責的人是誰？他們有沒有做出成果？

◆ 領導行為藍圖五：管理績效

1. 哪個目標面臨風險？你知道原因嗎？

2. 哪個目標已經達成？我們可以用哪個新目標取代？

3. 你會用何種方式衡量 X？（「X」是指任務或專案。）

4. 誰幫助你達成那個里程碑？採用什麼方式？

5. 公司裡什麼類型的導師對你最有幫助？

資源 3

領導行為藍圖

◆ **情緒：無聊（第 2 章）**

　　－對比情緒：意義

　　－領導行為藍圖一：確認狀況（第 7 章）

　　・層面一：一開始可以詢問「你還好嗎？」，並且留
　　　　　　　時間給對方回答
　　・層面二：討論使命感
　　・層面三：鼓勵及促進發展
　　・層面四：幫助你的團隊落實正面的改變
　　・層面五：別忘了，對顧客來說，你做的每一件事都
　　　　　　　有其含意

◆ **情緒：憂鬱（第 3 章）**

　　－對比情緒：喜悅

　　－領導行為藍圖二：樂觀溝通（第 8 章）

‧層面一：對於改變及其對團隊的含意，感到雀躍
　　　　（甚至喜悅）

‧層面二：讚揚勝利與失敗的妙處

‧層面三：騰出時間盡情玩樂

‧層面四：分享彼此的喜悅

‧層面五：要先懂得自嘲

◆ **情緒：內疚（第 4 章）**

－對比情緒：信念

－領導行為藍圖三：增進信任（第 9 章）

‧層面一：盡量倡導自主排程

‧層面二：關心第一，不方便是其次

‧層面三：培養具心理安全感的文化（及培養公司文
　　　　化）

‧層面四：委派工作並保持距離

‧層面五：向資深人士讚揚員工

◆ 情緒：**偏執**（第 5 章）

　　－對比情緒：明晰

　　－領導行為藍圖四：劃定界線（第 10 章）

　　・層面一：讓你的團隊可以非同步工作

　　・層面二：落實「溝通的耐心」

　　・層面三：過度溝通，然後再次溝通

　　・層面四：要人們負起責任

　　・層面五：教導你的團隊說「沒辦法」，或至少要能
　　　　　　　說「現在沒辦法」

◆ 情緒：**寂寞**（第 6 章）

　　－對比情緒：歸屬感

　　－領導行為藍圖五：管理績效（第 11 章）

　　・層面一：強調成就和傳聞

　　・層面二：衡量每件事；哪件事列入衡量，人員就會
　　　　　　　達成那件事

　　・層面三：討論疏漏的狀況，以免成為長久的趨勢

‧層面四：把工作的產出連結到團隊、部門、公司的
　　　　願景和使命
‧層面五：鼓勵人員在公司裡的其他地方尋求導師協
　　　　助

附錄A

遠距工作的低碳策略

麻省理工學院前陣子發表的研究顯示，虛擬會議的碳足跡有 96%是來自於相互播放影片串流。碳足跡來自於寬頻伺服器保持冷卻狀態時所需的能源。就算是在谷歌網站進行搜尋，每進行一筆搜尋，就會傳送指令給伺服器，多少還是需要冷卻。每一天，全球的谷歌搜尋次數多達三十五億次，而在網際網路的碳足跡中，谷歌網站的占比超過 40%。遠距工作者數以百萬計，而在視訊會議期間串流播放自己影片，或在谷歌網站上面搜尋資料，所耗費的時數也是數以百萬計，考慮到這些情況，碳排放造成的影響隨即變得重大。

大家以為遠距工作對地球來說是一大勝利，主因在於我們不必在住家和辦公室之間往返通勤。不過，實際情況

是這樣嗎？結果還是要取決於你居住的地點、公共運輸的供應狀況、住家的大小、空調的使用量、住家電力供應採用的再生能源量、在視訊會議期間串流播放影片的頻率，另外還有其他許多因素。

由此可見，對地球來說，遠距工作不一定算是一大勝利。大家都各自待在家裡，把住家環境調整得適合自己，而在某些情況下，地球為此而付出的代價往往很高，把不需通勤的氣候益處給抵銷掉了。

公司務必要了解遠距工作帶來的碳排放影響，並且開始制定策略，減輕影響。以下列出一些可以開始著手的地方：

1. 衡量遠距工作團隊產生的碳排放影響，將它納入公司的範疇三（Scope 3）碳排放

範疇三的碳排放屬於公司的碳足跡，雖然未受到公司直接掌控，但公司仍要為碳排放的產生，負起一些責任。公司要知道整個工作團隊遠距工作時所投入的員工天數（員工人數×遠距天數），要知道遠距工作的城市有哪些，要掌握那些地區的電力來源，是潔淨能源還是以化石

燃料為主？要估算那些地點的家戶能源，包括網路、電力、暖氣、冷氣等。

2. 提供教育和獎勵措施，或利用遊戲化的方法，幫助遠距員工減少住家使用的資源量

當地的電力公司有沒有提出方案，把電力來源從化石燃料改為再生能源？公司有沒有把轉型成本的補償費用納入員工福利？利用遊戲化是絕佳的方法，不但有利於減少公司的碳足跡，也能提高員工的敬業度。

請找出哪些遠距工作地點具有特別潔淨的電網，並且制定計畫，方便員工在電力全都來自再生能源的地點，從事為期六週、八週或十週的遠距工作。擁有遠距工作團隊，並不是把潔淨電力推向市場，而是讓市場想要採用潔淨電力。想像一下吧！

3. 若專案或團隊適合採用非同步工作，請多加鼓勵

當我們全都同時間在線上，資料伺服器的冷卻負載會達到高峰。如果團隊能夠非同步工作，在他們方便的時間上線工作，可能不是朝九晚五的「核心業務」時段，這樣

其實有利於降低伺服器的冷卻負載。如此一來，員工會得到他們所需的彈性，伺服器的溫度也會下降。

4. 用心看待差旅及面對面時段的頻率

團隊當然需要時間一起共事，但想像一下，要是規劃團隊一年出差三次或四次，而不是每個月召開實體會議，這樣會造成多大的變化。在每季的聚會，每個人都有機會看見彼此，見面的頻率足以加強關係，而且原本因頻繁出差而損失的時間，可以從工作生產力那裡彌補回來。對於每季面對面的聚會，可以進行適量的思考和規劃。

你有多常為了開會而出差，但許多與會者在幾週前的會議中就見過面，而且大家的工作步調都十分忙碌，沒時間在開會前閱讀資料，甚至也沒思考開會的理由？這聽起來很熟悉，對吧？用心看待面對面的時段，別覺得自己必須把這個時段塞進行程裡，你不必這麼做。

附錄B

遠距工作的多元與包容注意事項

2020 年 3 月，我們這些能夠從事遠距工作的人員，都改在自己的家庭辦公室工作，而在我寫作之際，還是有很多人在家工作。可想而知，多數人都很辛苦地應對這樣的轉變，因為小孩也同時間從學校改成在家裡遠距上課，互有衝突。小孩的年紀越小，老師就越難透過 Zoom 螢幕讓小孩專心上課，而這個重擔落在家長的肩上，家長要負責讓小孩的教育步上正軌。

我的運氣很好，小孩的年紀比較大，就算他們不喜歡在 Zoom 上面學習，我還是可以應付。另一件事也是運氣很好，因為我全職在家工作已經有三年，所以對我個人來說，工作環境並未改變。

不過，有一件重要的事情確實好多了：其他人也都開

始遠距工作。以前是一大群人聚集在會議室，我是少數遠距參加會議的人員，很難看見或聽見會議室裡的情況，會議一開始，大家會談論小孩和假期，剛才午餐（一起）吃了什麼，這些聲音構成難以辨認的嗡嗡聲，而我在桌子前等待會議正式開始。如今，實體會議就此消失，突然間，每一場會議都要在公平競爭的環境下召開，每個人在我的螢幕上占據一個小方塊，在會議裡的聊天串文，每一個閒聊的意見都可以清楚聽到或看到。老實說，我很喜歡這樣，工作情況好多了。

　　我跟某位老練的人力資源專家談過，在此稱她為瑪麗亞，她是黑人女性，同時為一家大型國際零售商和一家新創公司工作，也同時為這兩家公司遠距工作多年。她沒辦法為了這兩家公司的工作而搬家，但後來還是被雇用，因為那個職位很難找到人。疫情之前，零售商坦白對她說，進辦公室工作的同事不太能容忍她缺席，所以她經常出門工作，一個月中大約有一週得出門。因此，她經常無法待在家人和小孩身邊，將近三年都是這樣度過的。

　　在新創公司那裡，瑪麗亞是少數人，只有 2% 的員工被「指定遠距」。該家新創公司認為，面對面的工作是協

作的重要環節，並且努力培養完全面對面的文化。她向公司創辦人承認，這種「指定遠距」的存在會造成不便。不過，她要面對什麼情況呢？她認知到以下難題：如果她自己是被「指定遠距」，那麼她又怎能倡導面對面的文化？她會不會面臨可能發生的裁員或控管下的減員？公司不做決定，導致包含她在內的 2%員工在人力資源藤蔓上面枯萎凋零。

以你的多元與包容計畫而言，這個故事有其寓意，就算只有一個人遠距工作，還是要把遠距的政策和實務列入考量，確保你能打造出公平競爭的環境。大家都知道，非白人的勞工對於在家工作更感興趣，所以你必須把照顧遠距員工納入多元與包容策略，才能打造出多元的工作團隊。

加拿大卑詩省奧克拿根學院的商學院人力資源管理教授羅貝塔・薩瓦茲基（Roberta Sawatzky）表示，工作的混合定義現在變得十分多樣，因此，在所有情況下，領導者都很聰明地預設採用「數位優先」的心態，也就是說，要把數位平臺當成預設「場所」，藉以安排團隊的建立、溝通、會議。

美國 MilkPEP 乳業組織執行長茵‧拉尼（Yin Rani）表示，每個人都是全遠距工作的話，包容就變得容易許多。現在，她的組織正在辦公室實驗不同的指定天數，但是每個人的需求各不相同，你會讓誰感到快樂呢？她在更廣闊的人才市場進行觀察，發現人們在疫情期間的生活還是繼續往前，而指定辦公室上班日的話，好像會讓一些人覺得辭職是唯一的選擇。

　　有些公司甚至都不假裝自己包容了，還發出嚴酷的最後通牒，強迫部分的優秀人才辭職。我跟某位女性談過，在此稱她為布蘭達，她在美國某家專業零售商，擔任培訓及營銷的策略規劃員。對布蘭達來說，該家零售商的使命等同於全世界，而她正好是幸運兒，人生使命和工作使命完全吻合。疫情期間，布蘭達和其他員工就跟大部分的公司員工一樣，絕大多數的工作都是在家進行。疫情之後，她的公司決定，每個人都必須搬到公司總部的所在城市，全職在辦公室工作，但那個城市距離布蘭達的住家有數千公里遠，沒辦法搬家的話，就得要每週通勤，每週工作四十小時以上。布蘭達很清楚，這樣會損及她的生活品質和幸福感，她覺得自己唯一的選擇就是辭職。公司選擇了排

斥，失去了一位寶貴的使命型員工。

我認為，我們在疫情時代的遠距工作期間所得到的一切，千萬不可以失去，因為它讓所有的遠距員工都覺得自己獲得接納。公司在制定多元與包容策略時，要把包容遠距型和混合型員工列入工作指南。為了確保組織設計團隊的遠距型和混合型工作團隊能夠平起平坐，我會建議他們著眼於以下五大領域：

1. 熟稔當地法規

在我寫作之際，荷蘭已經通過法律，讓人們享有遠距工作權，也就是說，員工為了遠距工作而合理要求公司配合時，公司不得拒絕。以後可能會看到更多國家通過類似的法規，尤其是已經制定有利的員工權利法的國家，例如愛爾蘭的「離線權」，法國也有類似的法律，員工在下班後沒有義務寄送或回覆電子郵件。

2. 監控遠距員工的多元簡介

有一項最新研究是針對傾向遠距工作的族群的簡介，根據這項研究，遠距員工比較可能是女性及少數族群。有

些資源是專門設計來支持他們，請確保他們可以平等運用。舉例來說，如果辦公室要舉辦有關神經多樣性（Neurodiversity，編註：指人腦和認知的多樣性，包括自閉症、注意力不足過動症〔ADHD〕、讀寫障礙等等）的座談會，那麼神經多樣性的遠距員工能不能在家裡觀看座談會？你一定會很訝異，就算是用意最良善的活動主辦人，也經常忘了那些在家工作的員工。

3. 鼓勵遠距工作者多元化

鼓勵男性資深高階主管利用遠距工作的方法，促進在家工作者的多元化。這種做法有助於大家對組織上下的遠距員工發揮同理心，還能防止遠距工作汙名落在特定的少數族群身上。

4. 避免混合型會議，也就是有些與會者在家中，有些與會者在辦公室的會議

前文曾經提及我在疫情之前的遠距工作經驗，召開混合型會議的話，在家裡參加會議的人員很難掌握會議室的情況。會議期間，會有人閒聊、麥克風出問題、有些人講

話沒被攝影機拍到等各種情況。

有鑑於混合型工作的模式日益增長，很可能無法避開混合型會議，如果真的避不開的話，那麼請實體會議的與會者全都用自己的筆記型電腦加入會議，開啟筆記型電腦的攝影鏡頭並關閉音量，會議室有一支主要麥克風也撥進虛擬會議，這樣會大有幫助。透過每個人的筆記型電腦螢幕，在家工作者可以看見會議室裡的每個人，跟對方對談，有必要時還能在會議聊天室輸入訊息，就像並肩坐著聊天那樣。

湯瑪斯國際公司執行長薩比・吉爾向我說明，該公司的會議是以何種方式展現包容：如果每個人都在辦公室，而只有一個人是遠距參與會議，那麼每個人都會分別在建物裡找到一處場所，以便線上參與會議，這就是開會的模式。同樣的，他們有時會特意找沒人在辦公室的那一天，規劃為期一天的全員大會，預先把大會設定成百分之百的虛擬會議。

5. 時常審核遠距工作者的職業和薪資進展

全遠距員工加薪及晉升的速度，有沒有等同於全職的

辦公室員工或混合型員工？比較這三種員工，找出差異之處，並且制定計畫，加以修正。這三種員工的敬業度分數和留任率應該要相同，請掌握失衡情況並加以修正。

誌謝

　　出版本書的想法，始於我在都柏林和友人費德莉・墨菲（Frederique Murphy）共度的下午茶時光。費德莉是作家、演講家、神經科學專家，終生致力於教導人們如何克服恐懼和疑慮，並追尋內心的熱忱，讓人們懂得採取她所稱的「移山心態」（mountain moving mindset）。在都柏林的那個下午，她對我說，我在領導力方面的見解要讓大家聽進去才行。大家沒聽進去的原因，有一百個之多，但是費德莉禮貌地叫我一定要做。這本書會來到你的手上，都要感謝費德莉。

　　費德莉，但願我已經實現你的期望，向這世界發聲，幫助眾多的領導者。我現在可以說：「我在做了！」因為是你教我怎麼做，在此由衷感謝你幫助我超越自身界限去

領導他人。

萬分感謝務實啟發出版社（Practical Inspiration Publishing）的艾莉森‧瓊斯（Alison Jones），還有她那關懷他人又有耐心的團隊，尤其是雪兒‧庫伯（Shell Cooper）、茱蒂絲‧懷茲（Judith Wise）、尼恩‧摩爾西（Nim Moorthy）、法蘭西絲‧史戴頓（Frances Staton）、蜜雪兒‧卡門（Michelle Charman）。我問了所有的笨問題，而他們都非常樂意回答。他們覺得有必要把商業資源投注在我的文字和想法上，在此十分感謝。他們的做法最能讓文字工作者感受到無限的可能。

謝謝萊絲特‧薩德蘭寫出如此優美又深具洞見的前言，以她的聲音傳達本書的使命。她在超強能力協作公司創造出卓越的工作成果，並且著有精采之作《歐洲彈性工作法則》，在這個嶄新的工作世界，照耀出一條途徑，讓其他人都能自信地循著途徑往前行。十分感謝她參與本書，也謝謝她在這本書和她的著作中分享智慧之言。

由衷感謝以下搶先閱讀的讀者提出細心周到的評論、建議和支持：傑克‧吉爾登（Jack Gilden）、薩比‧吉爾、蘇珊‧哈里斯、蓋伯‧卡普、碧翠絲‧馬汀－魯加羅、查

雅‧密斯崔、艾莉莎‧莫斯柯林（Elisa Moscolin）、艾美‧湯林森、瑟莉拉‧約恩（Salila Yohn）。他們率先看到我從內心深處挖掘出的想法，而他們的專業、想法、回饋反應，讓本書更加盡善盡美。在他們的幫助下，我變得明晰許多，不但看清我自己，也看清我要傳達的訊息。

還要謝謝策畫編輯凱特‧利韋林（Kate Llewellyn）的熱忱和初期指導，幫助我更有條理地闡述宏大的想法。謝謝妮基‧布朗（Nicky Brown）發揮精湛的編審技能，更謝謝她耐心應對我這個難搞的作者。

謝謝眾多啟發人心的人士同意接受我的訪談，讓我把他們的建議、經驗、反省都記錄在書頁上：昂爾‧白利克（Arne Beitlich）、艾美‧布蘭克森、安德魯‧波頓、伊羅娜‧布蘭農、萊絲莉‧卡路瑟斯、湯瑪斯‧錢尼、艾格妮絲卡‧齊斯洛、柯琳‧克里諾、里卡多‧費南德茲、克里斯‧弗萊克、艾莉森‧賈伯列、薩比‧吉爾、莎拉‧霍利、蘿薇娜‧漢尼根、夏恩‧卡農高、蓋伯‧卡普、樂芮‧米勒、查雅‧密斯崔、戴倫‧莫夫、維朗‧帕泰爾、阿洛莎莉‧皮森（Araceli Pison）、克莉絲提娜‧普提努、卡索‧昆蘭、茵‧拉尼、約翰‧里歐敦、珍妮佛‧阪口、

羅貝塔・薩瓦茲基、蘿拉・舒瓦茲、蘇珊・索博特、瓦倫緹娜・索納、艾美・湯林森、史考特・沃頓，還有另外五個人，他們讓我用假名或匿名的方式訴說他們的故事。這些人展現的勇氣和坦率的態度，將讓我們全都變成更強大的領導者。我們之間的對談，還有他們對本書使命的支持，都讓我獲得許多回報，並且心滿意足。

萬分感謝未曾謀面的兩位女性，她們無私地投注心力在這個專案上，我無限感恩，也從中學到一些力量強大的功課，那就是：儘管相隔一段距離，甚至是相互熟悉，也能建立深具意義的關係。這兩位女性分別是：遠距工作和健康專家蘿薇娜・漢尼根，她在領英網站上回覆一則冷淡的私訊，竟然就大方公開豐富的人脈，把我引薦給一些談吐極有魅力的人們；阿妮塔・阿德里恩・庫茲馬（Aneta Ardelian Kuzma），她為我和本書錄製了一段心法，每次寫作前，我都會聆聽這段心法。在她們的幫助下，這本書才得以上市，但願她們覺得支持本書是足以為榮的事情。

謝謝過去三十年來與我共事的同事和合作者，你們知道我感謝的就是你們。完成以後，我記得的就只有你們，我懂得的一切都是你們教我的。你們讓我的每一天都充滿

歡樂與意義。

　　謝謝我的母親麗茲‧湯林森，謝謝你把父親以前的佳話美事都告訴了我，你的一言一行更是帶來許多啟發，我顯然不是靠自己學會做人處事的。

　　謝謝兒子朱利安（Julian）和伊恩（Ian），謝謝你們對我做的事情感興趣，還對字數感到欽佩。想到你們會以母親為榮，我就得以繼續往前邁進。

　　謝謝湯林森家族和羅莫（Romo）家族一直為我加油打氣。

　　謝謝丈夫奧葛斯汀（Agustin），謝謝你相信我，謝謝你在每一件事上都能找到幽默之處，就連截稿時間也可以開玩笑。謝謝你畫圈圈畫得很厲害。我愛上你，是因為你非常關心別人。關於為人處事，你教我的一切啟發我寫出每一個字，能成為你的妻子，我引以為榮。愛你，永遠。

參考資料

· 自序

American Psychiatric Association. 'As Americans begin to return to the office, views on workplace mental health are mixed.' May 20, 2021. www.psychiatry.org/newsroom/news-releases/asamericans-begin-to-return-to-the-office-views-on-workplacemental-health-are-mixed

Bloom, N., Liang, J., Roberts, J., and Ying, Z. 'Does working from home work? Evidence from a Chinese experiment.' *The Quarterly Journal of Economics* 130, no. 1 (2015): 165–218. https://doi.org/10.1093/qje/qju032

Crino, C. 作者訪談。虛擬形式。June 24, 2022.

· 導言

Parelli. 'Parelli Natural Horsemanship.' https://shopus.parelli.com/

Parker, K., and Horowitz, J. 'Majority of workers who quit a job in 2021

cite low pay, no opportunities for advancement, feeling disrespected.'
March 9, 2022. Pew Research Center. www. pewresearch.org/fact-
tank/2022/03/09/majority-of-workerswho-quit-a-job-in-2021-cite-
low-pay-no-opportunities-foradvancement-feeling-disrespected

Sobbott, S. 作者訪談。虛擬形式。September 1,2022.

Wiles, J. 'Great resignation or not, money won't fi x all your talent
problems.' December 9, 2021. Gartner. www.gartner.com/en/
articles/great-resignation-or-not-money-won-t-fix-allyour-talent-
problems

· 第 1 章　在兩個工作世界之間

Anthony, C. (host). 'Kenneth Chenault.' *What's in your glass?* (podcast).
February 10, 2022. https://podcasts.apple.com/us/podcast/kenneth-
chenault/id1576873726?I=1000550651269

Barsade, S., and O'Neill, O. 'What's love got to do with it? A longitudinal
study of the culture of companionate love and employee and client
outcomes in a long-term care setting.' *Administrative Science
Quarterly* 59 (2014): 551–598. https://doi.org/10.1177/
0001839214538636

Belmonte, A. 'Organizational psychologist explains why "hybrid is the
future" of the workplace.' July 22, 2022. Yahoo! Finance. https://fi
nance.yahoo.com/news/organizational-psychologistexplains-why-

hybrid-is-the-future-of-the-workplace-165549543.html

Bergland, C. 'To boost creativity, cultivate empathy.' February 3, 2021. *Psychology Today.* www.psychologytoday.com/us/blog/the-athletes-way/202102/boost-creativity-cultivate-empathy

Brown, B. *Dare to lead.* New York: Random House, 2018.

Businessolver. '2021 State of workplace empathy.' https://resources.businessolver.com/c/2021-empathy-exec-summ?x=OE03jO

Business Wire. 'Ryan Reynolds announces new nonprofi t, The Creative Ladder, to make creative marketing careers more accessible to underrepresented communities.' June 21, 2022. www.businesswire.com/news/home/20220621005394/en/Ryan-Reynolds-Announces-New-Nonprofit-The-Creative-Ladder-to-Make-Creative-Marketing-Careers-More-Accessibleto-Underrepresented-Communities

Dam, R., and Siang, T. 'What is empathy and why is it so important to design thinking?' Interaction Design Foundation. www.interaction-design.org/literature/article/design-thinkinggetting-started-with-empathy

Design Management Institute. '2015 dmi: Design value index results and commentary.' www.dmi.org/page/2015DVIandOTW

De Waal, F. 'Th e evolution of empathy.' September 1, 2005. *Greater Good Magazine.* University of California, Berkeley. https://greatergood.berkeley.edu/article/item/the_evolution_of_empathy

Ernst & Young. 'New EY Consulting survey confi rms 90% of US workers believe empathetic leadership leads to higher job satisfaction and 79% agree it decreases employee turnover.' October 14, 2021. www.ey.com/en_us/news/2021/09/eyempathy-in-business-survey

Goleman, D. 'Hot to help: When can empathy move us to action.' March 1, 2008. *Greater Good Magazine.* University of California, Berkeley. https://greatergood.berkeley.edu/article/item/hot_to_help

Greater Good Magazine. 'What is empathy?' University of California, Berkeley. https://greatergood.berkeley.edu/topic/empathy/defi nition

Hawley, S. 作者訪談。虛擬形式。Virtual. August 23, 2022.

JD Supra. 'Th e changing workplace: Work from home accommodations.' August 12, 2022. www.jdsupra.com/legalnews/the-changing-workplace-work-from-home-7637178/

Marston, W. *The emotions of normal people.* London: Kegan Paul, Trench, Turner & Co. Ltd, 1928.

Martin-Luquero, B. 作者訪談。虛擬形式。June 6, 2022.

McKinsey & Company. 'Th e emotion archive.' August 27, 2020. www. mckinsey.com/business-functions/mckinsey-design/how-we-help-clients/design-blog/the-emotion-archive-fi ndingglobal-empathy-in-a-challenging-time

Milinkovic, M. 'Th e leadership gap: 20 revealing male vs female CEO statistics.' March 11, 2022. SmallBizGenius. www.smallbizgenius.

net/by-the-numbers/male-vs-female-ceostatistics/#gref

Murph, D. LinkedIn profi le. www.linkedin.com/in/darrenmurph/

Netfl ix. 'Brene Brown: Th e call to courage.' 2018. Video, 1:30. www. netfl ix.com/title/81010166

Netfl ix. 'Th e Crown: Season 1, Episode 1.' November 4, 2016. Video. www.netfl ix.com/title/80025678

Riordan, J. 作者訪談。虛擬形式。July 21, 2022.

Risen, C. 'Sigal Barsade, 56, dies; Argued that it's OK to show emotions at work.' February 13, 2022. *Th e New York Times.* www.nytimes. com/2022/02/13/business/sigal-barsade-dead.html

Roy, A. 'Arundhati Roy: Th e pandemic is a portal.' April 3, 2020. *Th e Financial Times.* www.ft.com/content/10d8f5e8-74eb-11ea-95fe-fcd274e920ca

Schwarz, L. 作者訪談。虛擬形式。August 24, 2022.

Simon-Thomas, E. 'Which factors shape our empathy.' July 31, 2017. *Greater Good Magazine.* University of California, Berkeley. https:// greatergood.berkeley.edu/article/item/which_factors_shape_our_ empathy

Van Bommel, T. 'Th e power of empathy in times of crisis and beyond.' Catalyst. www.catalyst.org/reports/empathy-workstrategy-crisis

Weisenthal, J. 'We love what Warren Buff ett says about life, luck and winning the "ovarian lottery".' December 10, 2013. Business Insider.

www.businessinsider.com/warren-buffett-onthe-ovarian-lottery-2013-12

·第 2 章　無聊：單調乏味的家庭辦公室造成「悶爆」狀態

Bloom, N., Liang, J., Roberts, J., and Ying, Z. 'Does working from home work? Evidence from a Chinese experiment.' *The Quarterly Journal of Economics* 130, no. 1 (2015): 165–218.https://doi.org/10.1093/qje/qju032

Bolton, A. 作者訪談。虛擬形式。Virtual. June 23, 2022.

Bradley, S. 'Why more young people are turning to nihilism. April 25, 2022. *Huck.* www.huckmag.com/perspectives/whymore-young-people-are-turning-to-nihilism/

Cable, D. *Alive at work.* Boston: Harvard Business Review Press, 2019.

Crino, C. 作者訪談。June 24, 2022.

iResearchNet. 'Boredom at work.' http://psychology.iresearchnet.com/industrial-organizational-psychology/job-satisfaction/boredom-at-work/

Milosevic, Y. 'Th is is what boreout looks like.' July 1, 2021. Blacklight blog. https://theblacklight.co/2021/07/01/boreoutsyndrome/

Navarrete, S. 'Workplace skills, hiring, and productivity in a postpandemic UK.' August 3, 2021. Capterra blog. www.capterra.co.uk/

blog/1948/workplace-skills-hiring-productivity-postpandemic-uk

Pendell, R. 'Th e world's $7.8 trillion workplace problem.' June 14, 2022. Gallup Workplace. www.gallup.com/workplace/393497/world-trillion-workplace-problem.aspx

Pruteanu, C. 作者訪談。虛擬形式。June 2, 2022.

Reddit. r/nihilism. www.reddit.com/r/nihilism/

Schnitzer, K. 'What is boreout and why you may be suff erring from it right now?' August 31, 2020. Th e Ladders blog. www.theladders. com/career-advice/what-is-boreout-and-why-youmay-be-suff ering-from-it-right-now

Udemy. 'Udemy in depth: 2016 Workplace boredom report.' https:// research.udemy.com/research_report/2016-workplaceboredom-report/

‧第 3 章　憂鬱：個人危機如何導致單獨工作變成特殊的挑戰

Buckner, D. 'Th e working-at-home blues: Loneliness, depression a risk for those who are isolated.' April 24, 2019. CBC News. www.cbc.ca/news/business/working-at-home-isolation-1.5103498

Oakman, J., Kinsman, N., Stuckey, R., Graham, M., and Weale, V. 'A rapid review of mental and physical health eff ects of working at home: How do we optimize health?' *BMC Public Health* 20, 1825

(2020). https://doi.org/10.1186/s12889-020-09875-z

Office for National Statistics (UK). 'Coronavirus and depression in adults, Great Britain: July to August 2021.' www.ons.gov.uk/peoplepopulationandcommunity/wellbeing/articles/coronavirusanddepressioninadultsgreatbritain/julytoaugust2021

‧ 第4章 內疚：住家與辦公室的界線模糊不清，讓我們懲罰自己

Bloom, N., Liang, J., Roberts, J., and Ying, Z. 'Does working from home work? Evidence from a Chinese experiment.' *The Quarterly Journal of Economics* 130, no. 1 (2015): 165–218. https://doi.org/10.1093/qje/qju032

Filabi, A., and Hurley, R. 'Th e paradox of employee surveillance.' February 18, 2019. *Behavioral Scientist.* https://behavioralscientist.org/the-paradox-of-employee-surveillance/

Gabriel, A. 作者訪談。July 14, 2022.

GitLab. 'Hybrid-remote: Understanding nuances and pitfalls.' https://about.gitlab.com/company/culture/all-remote/hybridremote/

Glassdoor. 'American Express work from home.' www.glassdoor.com/Benefits/American-Express-Work-From-Home-USBNFT152_E35_N1_IP5.htm

Hemp, P. 'Presenteeism: At work – but out of it.' October 2004. *Harvard*

Business Review. https://hbr.org/2004/10/presenteeismat-work-but-out-of-itJacobs, E. 'Th e end of sick days: Has WFH made it harder to take time off ?' April 18, 2022. *Financial Times.* www.ft.com/content/bc9e39ce-8762-4e70-8aa2-2e33b23b80fe

Johnson, K. 'How to overcome the work-from-home guilt.' May 9, 2021. Claromentis blog. www.claromentis.com/blog/how-to-overcome-work-from-home-guilt/

Migliano, S., and O'Donnell, C. 'Employee surveillance software demand up 58% since pandemic started.' August 8,2022. Top VPN blog. www.top10vpn.com/research/covidemployee-surveillance/

Moore, Danielle. 'People working from home still feel guilty about taking a lunch break.' September 21, 2020. New York Post. https://nypost.com/2020/09/21/people-working-from-homefeel-guilty-about-taking-breaks-and-some-dont-even-take-alunch-break/

Mullenweg, M. 'Coronavirus and the remote work experiment no one asked for.' March 5, 2020. Matt Mullenweg blog. https://ma.tt/2020/03/coronavirus-remote-work/

Murph, D. 作者訪談。虛擬形式。July 14, 2022.

Parker, S., Knight, C., and Keller, A. 'Remote managers are having trust issues.' July 30, 2020. *Harvard Business Review.* https://hbr.org/2020/07/remote-managers-are-having-trustissues

Pearson, E. 'How to ease work-from-home guilt.' January 7, 2021.

Entrepreneur. www.entrepreneur.com/article/361461

Qualitative Mind. 'Is social loafi ng worse in online meetings?' May 14, 2020. www.qualitativemind.com/is-social-loafi ngworse-in-online-meetings/

Reddit. 'Anyone else experience guilt with work from home and not being busy 100% of the time?' r/jobs. www.reddit.com/r/jobs/comments/iumsx8/anyone_else_experience_guilt_with_work_from_home/

Rushe, D. 'Elon Musk tells employees to return to the offi ce or "pretend to work somewhere else".' June 1, 2022. *Th e Guardian.* www.theguardian.com/technology/2022/jun/01/elon-muskreturn-to-offi ce-pretend-to-work-somewhere-else

Sobbott, S. 作者訪談。虛擬形式。Virtual. September 1,2022.

Stanford Institute for Economic Policy Research. 'How working from home works out.' https://siepr.stanford.edu/publications/policy-brief/how-working-home-works-out

US Department of Labor. 'Sick Leave.' www.dol.gov/general/topic/workhours/sickleave

・第5章　偏執：我們為何害怕自己「被無視及遺忘」

Aware. 'What if you could automatically measure the voice of the employee, getting an authentic refl ection of how your workforce feels?' www.awarehq.com/people-insights

Bloom, N., Liang, J., Roberts, J., and Ying, Z. 'Does working from home work? Evidence from a Chinese experiment.' *The Quarterly Journal of Economics* 130, no. 1 (2015): 165–218. https://doi.org/10.1093/qje/qju032

ExpressVPN. 'ExpressVPN survey reveals the extent of surveillance on the remote workforce.' December 1, 2021. www.expressvpn.com/blog/expressvpn-survey-surveillance-onthe-remote-workforce/#ethics

Grose, J. 'Is remote work making us paranoid?' April 30, 2021. *The New York Times.* www.nytimes.com/2021/01/13/style/isremote-work-making-us-paranoid.html

Heller, J. *Catch-22: A novel.* New York: Th e Modern Library, 1961.

Hirsch, A. 'Preventing proximity bias in a hybrid workplace.' March 22, 2022. Society for Human Resource Management blog. www.shrm.org/resourcesandtools/hr-topics/employeerelations/pages/preventing-proximity-bias-in-a-hybridworkplace.aspx

Kingston, J.L., Schlier, B., Ellett, L., So, S.H., Gaudiano, B.A., Morris, E.M.J., and Lincoln, T.M. 'Th e Pandemic Paranoia Scale (PPS): Factor structure and measurement invariance across languages.' *Psychological Medicine* (December 9, 2021): 1–10. https://doi.org/10.1017/S0033291721004633

Krkovic, K., Nowak, U., Kammerer, M., Bott, A., and Lincoln, T. 'Aberrant adapting of beliefs under stress: A mechanism relevant to the formation of paranoia?' September 14, 2021. *Psychological Medicine,* 1–10. https://doi.org/10.1017/S0033291721003524

Makela, M., Reggev, N., Defelipe, R., Dutra, N., Tamayo, R.M., Klevjer, K., and Pfuhl, G. 'Identifying resilience factors of distress and paranoia during the COVID-19 outbreak in five countries.' June 10, 2021. *Frontiers in Psychology* 12. https://doi.org/10.3389/fpsyg.2021.661149

Mearian, L. 'Women, minorities less inclined to return to office, face "proximity bias".' March 9, 2022. *Computer World.* www.computerworld.com/article/3652592/women-people-ofcolor-less-likely-to-want-to-return-to-offi ce.html

Mind. 'What is paranoia?' www.mind.org.uk/informationsupport/types-of-mental-health-problems/paranoia/aboutparanoia/

PR Newswire. 'Virtual reality: Remote employees experience more workplace politics than onsite teammates.' www.prnewswire.com/news-releases/virtual-reality-remoteemployees-experience-more-workplace-politics-than-onsiteteammates-300548594.html

· 第 6 章　寂寞：遠距工作如何考驗我們在關係聯繫上的需求

American Psychiatric Association. 'As Americans begin to return to the office, views on workplace mental health are mixed.' May 20, 2021.

www.psychiatry.org/newsroom/newsreleases/as-americans-begin-to-return-to-the-office-views-onworkplace-mental-health-are-mixed

Becker, W.J., Belkin, L.Y., Tuskey, S.E., and Conroy, S.A. 'Surviving remotely: How job control and loneliness during a forced shift to remote work impacted employee work behaviors and well-being.' *Human Resource Management* 61, no. 4 (2022): 449–464. https://doi.org/10.1002/hrm.22102

Buff er. '2022 State of remote work.' https://buff er.com/stateof-remote-work/2022

Flack, C. 作者訪談。虛擬形式。July 7, 2022.

Hennigan, R. 'Loneliness, disconnection and vulnerable leadership.' May 12, 2022. Remote Work Digest. www.linkedin.com/pulse/loneliness-vulnerable-leadership-rowenahennigan-she-her-/

Murthy, V. 'Work and the loneliness epidemic.' September 26, 2017. *Harvard Business Review.* https://hbr.org/2017/09/workand-the-loneliness-epidemic

Rath, T., and Harter, J. 'Your friends and your social wellbeing.' August 19, 2010. *Gallup Business Journal.* https://news.gallup.com/businessjournal/127043/friends-social-wellbeing.aspx

Riordan, J. 作者訪談。虛擬形式。July 21, 2022.

Tomlinson, A. 作者訪談。虛擬形式。September 15, 2022.

Total Jobs. 'Lockdown loneliness and the collapse of social life at work.'

www.totaljobs.com/advice/lockdown-loneliness-thecollapse-of-
social-life-at-work

·第 7 章　領導行為藍圖一：確認狀況

Brannen, I. 作者訪談。虛擬形式。August 26, 2022.

Carruthers, L. 作者訪談。虛擬形式。June 2, 2022.

Fernandez, R. 作者訪談。虛擬形式。June 20, 2022.

Hennigan, R. 作者訪談。虛擬形式。August 23, 2022.

Peters, T.J., and Waterman, R.H. *In search of excellence: Lessons from America's best-run companies.* New York: Harper & Row,1982.

Sobbott, S. 作者訪談。虛擬形式。September 1, 2022.

Thörner, V. 作者訪談。虛擬形式。August 26, 2022.

Wharton, S. 作者訪談。虛擬形式。June 23, 2022.

·第 8 章　領導行為藍圖二：樂觀溝通

Abbasi, J. 'Why friends make us happier, healthier people.' The Upside by Twill. www.happify.com/hd/why-friends-make-ushappier/

Barsade, S. 'Th e ripple eff ect: Emotional contagion in groups.' *Yale School of Management Working Papers* 47 (2001). https://doi.org/10.2139/ssrn.250894

Crino, C. 作者訪談。虛擬形式。June 24, 2022.

Hennigan, R. 作者訪談。虛擬形式。August 23, 2022.

Kanungo, S. 作者訪談。虛擬形式。July 7, 2022.

Karp, G. 作者訪談。虛擬形式。June 20, 2022.

Quinlan, C. 作者訪談。虛擬形式。June 30, 2022.

Sutherland, L. 作者訪談。虛擬形式。July 21, 2022.

· 第9章　領導行為藍圖三：增進信任

Blankson, A. 作者訪談。虛擬形式。July 20, 2022.

Cheney, T. 作者訪談。虛擬形式。June 3, 2022.

Cis o, A. 作者訪談。虛擬形式。June 22, 2022.

Crino, C. 作者訪談。虛擬形式。June 24, 2022.

Finnwards: Thriving in Finland. 'Remote work is here to stay?' February
17, 2022. www.finnwards.com/working-in-finland/ remote-work-is-
here-to-stay/

Gabriel, A. 作者訪談。虛擬形式。July 14, 2022. Gill, S. 作者訪談。
虛擬形式。July 7, 2022.

Karp, G. 作者訪談。虛擬形式。June 20, 2022.

Kondo, M., and Sonenshien, S. *Joy at work: Organizing your professional
life.* New York: Little, Brown Spark, 2020.

Mistry, C. 作者訪談。虛擬形式。June 27, 2022.

Savage, M. 'Why Finland leads the world in flexible work.' August 8,
2019. BBC Worklife. www.bbc.com/worklife/article/20190807-
why-finland-leads-the-world-in-flexible-work

Sobbott, S. 作者訪談。虛擬形式。July 7, 2022.

Thomas International remote working pledge, via Sabby Gill. 作者訪談。虛擬形式。July 7, 2022.

Thörner, V. 作者訪談。虛擬形式。August 26, 2022.

YLE News. 'Survey: Finland ranks #1 in citizen trust.' June 23, 2018. https://yle.fi/news/3-10270981

· 第 10 章　領導行為藍圖四：劃定界線

Cheney, T. 作者訪談。虛擬形式。June 3, 2022.

Hawley, S. 作者訪談。虛擬形式。August 23, 2022.

Lebre, M. 'Why you should be working asynchronously in 2022.' Remote. https://remote.com/blog/why-you-should-be-doing-async-work

Miller, L. 作者訪談。虛擬形式。July 13, 2022.

Patel, V. 作者訪談。虛擬形式。June 20, 2022.

Thörner, V. 作者訪談。虛擬形式。August 26, 2022.

· 第 11 章　領導行為藍圖五：管理績效

Cheney, T. 作者訪談。虛擬形式。June 3, 2022.

Karp, G. 作者訪談。虛擬形式。June 20, 2022.

Loom International. 'Sawubona!' www.loominternational.org/sawubona/

Sakaguchi, J. 作者訪談。虛擬形式。July 22, 2022.

Sutherland, L. 作者訪談。虛擬形式。July 21, 2022.

TED. 'The gift and power of emotional courage: Susan David.' February 20, 2018. Video, 16:48. www.youtube.com/watch?v= NDQ1Mi5I4rg

·結語

Freedom at Work Talks. 'All you need is love… at work? Sigal Barsade.' November 3, 2015. Video, 20:11. www.youtube. com/watch?v= sKNTyGW3o7E

Murph, D. 作者訪談。虛擬形式。July 14, 2022.

·附錄 A：遠距工作的低碳策略

Quito, A. 'Every Google search results in CO2 emissions. This real time data viz shows how much.' July 20, 2022. Quartz. https:// qz.com/1267709/every-google-search-results-in-co2-emissions-this-real-time-dataviz-shows-how-much/

Travers, K. 'How to reduce the environmental impact of your next virtual meeting.' March 4, 2021. *MIT News.* https://news.mit.edu/2021/ how-to-reduce-environmental-impact-next-virtual-meeting-0304

·附錄 B：遠距工作的多元與包容注意事項

Gill, S. 作者訪談。虛擬形式。July 7, 2022.

Irish Congress of Trade Unions. 'Ireland's new "right to disconnect": How it works.' www.ictu.ie/blog/irelands-new-right-disconnect-how-it-works

Mearian, L. 'Women, minorities less inclined to return to office, face "proximity bias".' March 9, 2022. *Computer World.* www.computerworld.com/article/3652592/women-people-of-color-less-likely-to-want-to-return-to-office.html

Rani, Y. 作者訪談。虛擬形式。August 22, 2022.

Sawatzky, R. 作者訪談。虛擬形式。August 22, 2022.

國家圖書館出版品預行編目(CIP)資料

同理心領導：應對遠距與分散式團隊新常態，領導如何更抓住人心？/梅麗莎.羅莫(Melissa Romo)著；姚怡平譯. -- 初版. -- 新北市：啟動文化出版：大雁出版基地發行, 2024.10
　　面；　公分
譯自：Your resource is human : how empathetic leadership can help remote teams rise above.
ISBN 978-986-493-195-8(平裝)

1.企業管理者 2.企業領導 3.組織管理 4.職場成功法

494.2　　　　　　　　　　　　　　　　　113012569

同理心領導

應對遠距與分散式團隊新常態，領導如何更抓住人心？

Your Resource is Human: How empathetic leadership can help remote teams rise above

作　　　者	梅麗莎·羅莫（Melissa Romo）
譯　　　者	姚怡平
特約編輯	洪禎璐
封面設計	許晉維
內頁排版	菩薩蠻事業股份有限公司
業務發行	王綬晨、邱紹溢、劉文雅
行銷企劃	黃羿潔
資深主編	曾曉玲
總　編　輯	蘇拾平
發　行　人	蘇拾平
出　　　版	啟動文化
	Email：onbooks@andbooks.com.tw
發　　　行	大雁出版基地
	新北市新店區北新路三段207-3號5樓
	電話：(02)8913-1005　傳真：(02)8913-1056
	Email：andbooks@andbooks.com.tw
	劃撥帳號：19983379
	戶名：大雁文化事業股份有限公司
初版一刷	2024年10月
定　　　價	500元
I S B N	978-986-493-195-8
E I S B N	978-986-493-194-1 (EPUB)